WEEKLY STUDY PLAN

Name of the Test ←テスト名を書こう。

Test Period ←テスト期間を書こう。

[／] ～ [／]

Date　To-do List ← やることを書こう。
(例)「英単語を10個覚える」など。

Date

／
( )

□
□
□
□
□

🕐 Time Record ←
0分 10 20 30 40 50 60分

／
( )

□
□
□
□
□

🕐 Time Record
0分 10 20 30 40 50 60分
→1時間
→2時間
→3時間
→4時間
→5時間
→6時間

／
( )

□
□
□
□
□

🕐 Time Record
0分 10 20 30 40 50 60分
→1時間
→2時間
→3時間
→4時間
→5時間
→6時間

／
( )

□
□
□
□
□

🕐 Time Record
0分 10 20 30 40 50 60分
→1時間
→2時間
→3時間
→4時間
→5時間
→6時間

／
( )

□
□
□
□
□

🕐 Time Record
0分 10 20 30 40 50 60分
→1時間
→2時間
→3時間
→4時間
→5時間
→6時間

／
( )

□
□
□
□
□

🕐 Time Record
0分 10 20 30 40 50 60分
→1時間
→2時間
→3時間
→4時間
→5時間
→6時間

／
( )

□
□
□
□
□

🕐 Time Record
0分 10 20 30 40 50 60分
→1時間
→2時間
→3時間
→4時間
→5時間
→6時間

JN029661

WEEKLY STUDY PLAN

Name of the Test

テスト名を書こう。　テスト期間を書こう。　分のマス目をぬろう。1マス10分。

Date　To-do List

／
( )

□
□
□
□
□

／
( )

□
□
□
□
□

／
( )

□
□
□
□
□

／
( )

□
□
□
□
□

／
( )

□
□
□
□
□

／
( )

□
□
□
□
□

／
( )

□
□
□
□

WEEKLY STUDY PLAN

Test Period

| / | ~ | / |

Name of the Test

Test Period

| / | ~ | / |

Date   To-do List

Time Record

0分 10 20 30 40 50 60分
- 1時間
- 2時間
- 3時間
- 4時間
- 5時間
- 6時間

/
( )
☐ ☐ ☐ ☐ ☐ ☐

Time Record

0分 10 20 30 40 50 60分
- 1時間
- 2時間
- 3時間
- 4時間
- 5時間
- 6時間

/
( )
☐ ☐ ☐ ☐ ☐ ☐

Time Record

0分 10 20 30 40 50 60分
- 1時間
- 2時間
- 3時間
- 4時間
- 5時間
- 6時間

/
( )
☐ ☐ ☐ ☐ ☐ ☐

Time Record

0分 10 20 30 40 50 60分
- 1時間
- 2時間
- 3時間
- 4時間
- 5時間
- 6時間

/
( )
☐ ☐ ☐ ☐ ☐ ☐

Time Record

0分 10 20 30 40 50 60分
- 1時間
- 2時間
- 3時間
- 4時間
- 5時間
- 6時間

/
( )
☐ ☐ ☐ ☐ ☐ ☐

Time Record

0分 10 20 30 40 50 60分
- 1時間
- 2時間
- 3時間
- 4時間
- 5時間
- 6時間

/
( )
☐ ☐ ☐ ☐ ☐ ☐

Time Record

0分 10 20 30 40 50 60分
- 1時間
- 2時間
- 3時間
- 4時間
- 5時間
- 6時間

/
( )
☐ ☐ ☐ ☐ ☐ ☐

【学研ニューコース】

問題集

中2理科

Gakken

学研ニューコース
Gakken New Course for Junior High School Students　Contents

もくじ

中2理科
問題集

「解答と解説」は別冊になっています。
本冊と軽くのりづけされていますので，
はずしてお使いください。

本書の特長と使い方

【1見開き目】

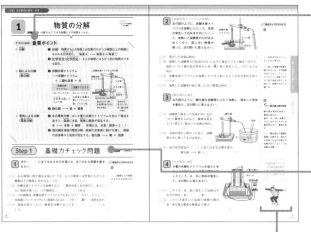

テストに出る！重要ポイント

各項目のはじめには，その項目の重要語句や要点，公式・法則などが整理されています。まずはここに目を通して，テストによく出るポイントをおさえましょう。

Step 1　基礎力チェック問題

基本的な問題を解きながら，各項目の基礎が身についているかどうかを確認できます。

わからない問題や苦手な問題があるときは，「得点アップアドバイス」を見てみましょう。

得点アップアドバイス

 おさえておくべきポイントや公式・法則。

 テストでまちがえやすい内容の解説。

 小学校や前の学年までの学習内容の復習。

 問題を解くためのヒント。

【2見開き目】

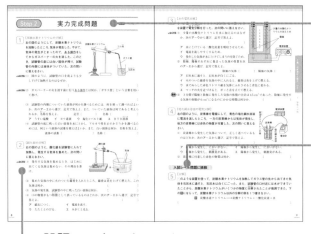

Step 2　実力完成問題

標準レベルの問題から，やや難しい問題を解いて，実戦力をつけましょう。まちがえた問題は解き直しをして，解ける問題を少しずつ増やしていくとよいでしょう。

入試レベル問題に挑戦

各項目の，高校入試で出題されるレベルの問題にとり組むことができます。どのような問題が出題されるのか，雰囲気をつかんでおきましょう。

問題につくアイコン

 定期テストでよく問われる問題。

ミス注意　まちがえやすい問題。

思考　学習内容を応用して考える必要のある問題。

本書の特長

| ステップ式の構成で無理なく実力アップ | 充実の問題量＋定期テスト予想問題つき | スタディプランシートでスケジューリングもサポート |

定期テスト予想問題

数項目ごと

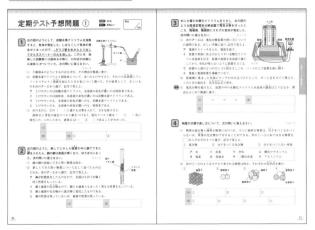

学校の定期テストでよく出題される問題を集めたテストで，力試しができます。制限時間内でどれくらい得点がとれるのか，テスト本番に備えてとり組んでみましょう。

解答と解説【別冊】

解答は別冊になっています。くわしい解説がついていますので，まちがえた問題は，解説を読んで，解き直しをすることをおすすめします。
特に誤りやすい問題には，「ミス対策」があり，注意点がよくわかります。

スタディプランシート

定期テストや高校入試に備えて，勉強の計画を立てたり，勉強時間を記録したりするためのシートです。計画的に勉強するために，ぜひ活用してください。

まずはテストに向けて，いつ何をするかを決めよう！

1 物質の分解

攻略のコツ 分解されてできる物質とその性質をつかむ。

〇 リンク
ニューコース参考書
中2理科
p.30〜37

テストに出る！ **重要ポイント**

● 分解

❶ **分解**…物質がもとの物質とは性質のちがう2種類以上の物質に分かれる化学変化。 物質A ⟶ 物質B ＋ 物質C

❷ **化学変化（化学反応）**…もとの物質とはちがう別の物質ができる変化。

● 熱による分解（熱分解）

❶ 炭酸水素ナトリウム ⟶炭酸ナトリウム ＋ 二酸化炭素 ＋ 水

↓炭酸水素ナトリウムの分解

炭酸水素ナトリウム	炭酸ナトリウム
水に少しとける。	水によくとける。
水溶液は弱いアルカリ性。	水溶液は炭酸水素ナトリウムより強いアルカリ性。

炭酸水素ナトリウム
ゴム管
ガラス管
石灰水
塩化コバルト紙が赤（桃）色になる。
➡水が発生。
石灰水が白くにごる。
➡二酸化炭素が発生。

❷ 酸化銀 ⟶ 銀 ＋ 酸素

● 電気による分解（電気分解）

❶ **水の電気分解**…水に少量の水酸化ナトリウムを加えて電流を流すと，陰極に水素，陽極に酸素が発生する。
水 ⟶ 水素 ＋ 酸素　　体積比は，水素：酸素＝2：1

❷ **塩化銅水溶液の電気分解**…陰極の炭素棒に銅が付着し，陽極の炭素棒から塩素が発生する。塩化銅 ⟶ 銅 ＋ 塩素

Step 1 基礎力チェック問題

解答 別冊p.2

1 次の〔　　〕にあてはまるものを選ぶか，あてはまる言葉を書きなさい。

☑(1) ある物質に熱や電気を加えたとき，もとの物質とは性質のちがう2種類以上の物質に分かれることを〔　　　　　〕という。

☑(2) 炭酸水素ナトリウムを加熱すると，二酸化炭素と水が発生し，あとに白い固体が残った。この物質は〔　　　　　〕である。

☑(3) (2)の固体は，炭酸水素ナトリウムよりも水にとけ〔　やすく　にくく　〕，水溶液にフェノールフタレイン溶液を入れると〔　うすい　　濃い　〕赤色を示す。

☑(4) 電流を流すことで，物質を分解することを〔　　　　　〕という。

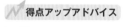

得点アップアドバイス

1

(1) 2種類以上の物質に分かれる化学変化のこと。

2 【炭酸水素ナトリウムの加熱】

右の図のように，炭酸水素ナト
リウムを加熱したところ，気体
が発生して石灰水が白くにごっ
た。加熱した試験管の口付近は
白くくもり，底に白い物質が
残った。次の問いに答えなさい。

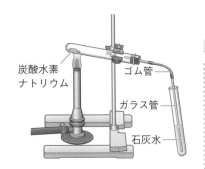
炭酸水素ナトリウム
ゴム管
ガラス管
石灰水

得点アップアドバイス

②‥‥‥‥‥‥‥‥

(1) 石灰水が白くにごっ
たことから考える。

(4) 残った物質の性質を
確かめるには，その物質
を水にとかし，フェノー
ルフタレイン溶液（アル
カリ性で赤色を示す）を
加えて，性質のちがいを
調べる。

☑(1) 発生した気体は何か。〔　　　　　　　　　〕

☑(2) 加熱した試験管の口付近の白いくもりに塩化コバルト紙をつけたら，
塩化コバルト紙の色が青色から赤（桃）色に変化した。このくもりは
何か。〔　　　　　　　　　〕

☑(3) 炭酸水素ナトリウムを加熱したときに起こるような化学変化を何と
いうか。〔　　　　　　　　　〕

☑(4) 加熱した試験管の底に残った白い物質は何か。〔　　　　　〕

3 【酸化銀の分解】

右の図のように，酸化銀を試験管に入れて加熱し，発生した気体
を集めた。次の問いに答えなさい。

☑(1) 試験管に集まった気体の中に火の
ついた線香を入れると，線香は炎を
上げて燃えた。集まった気体は何か。
〔　　　　　　　　　〕

☑(2) 気体が発生し終わったあと，試験
管の中に残ったものは何か。
〔　　　　　　　　　〕

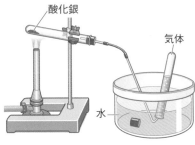
酸化銀
気体
水

☑(3) 次の化学変化の〔　　〕にあてはまる言葉を書け。

酸化銀 ⟶ 銀 ＋〔　　　　　　　　　〕

③‥‥‥‥‥‥‥‥

確認 **酸化銀と銀の性質**

酸化銀は黒色の粉末で，
電流を流さない。
銀は，白っぽい金属で，
かたいものでこすると金
属光沢を示し，電流を流
す。

(2)(3) 酸化銀は2種類の
物質に分解する。発生す
る気体にはものを燃やす
性質があり，もう1つの
物質は金属。

4 【水の電気分解】

少量の水酸化ナトリウムを加えた水
を，右の図のような装置で電気分解
したところ，A，Bに気体が発生し
た。次の問いに答えなさい。

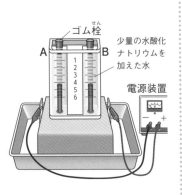
ゴム栓
A B
少量の水酸化
ナトリウムを
加えた水
電源装置

☑(1) このとき，A，Bに発生した気体はそ
れぞれ何か。A〔　　　　〕B〔　　　　〕

☑(2) このとき発生した気体の体積の割合
A：Bを最も簡単な整数比で書け。

〔　　　　　　　　　〕

炭酸水素ナトリウ
ムと酸化銀の熱分
解，水の電気分解
はよく問われる
よ。

1章／化学変化と原子・分子

1 物質の分解

1　【炭酸水素ナトリウムの分解】

右の図のようにして，炭酸水素ナトリウムを加熱したところ,気体が発生した。やがて,気体の発生がとまったので, <u>ある操作</u>をしてからガスバーナーの火を消した。このとき, 試験管の底には白い固体が残り, 試験管の内側には液体がついていた。次の問いに答えなさい。

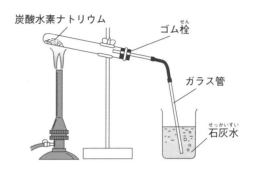

炭酸水素ナトリウム　ゴム栓　ガラス管　石灰水

✓よくでる (1)　図のように, 試験管の口を底よりも少し下げて加熱するのはなぜか。

〔　　　　　　　　　　　　　　　　　〕

✓よくでる (2)　ガスバーナーの火を消す前に行う<u>ある操作</u>とは何か。「ガラス管」という言葉を用いて書け。

〔　　　　　　　　　　　　　　　　　〕

(3)　試験管の内側についていた液体が何かを調べるためには, 何を使って調べればよいか。次の**ア〜エ**から選び, 記号で答えよ。また, ついていた液体は何であると考えられるか, 名称を答えよ。　　　　記号〔　　　〕　　名称〔　　　　　　　〕

　ア　うすい塩酸　　**イ**　ヨウ素液　　**ウ**　塩化コバルト紙　　**エ**　ＢＴＢ溶液

(4)　試験管の底に残った白い固体を水にとかし, アルカリ性を示すかどうかを調べるためには, 何という液体の試薬を使えばよいか。また, 白い固体は何か, 名称を答えよ。

　　　液体の試薬〔　　　　　　　〕　　名称〔　　　　　　　〕

2　【酸化銀の分解】

右の図のように, 酸化銀を試験管に入れて加熱し, 発生する気体を集めた。次の問いに答えなさい。

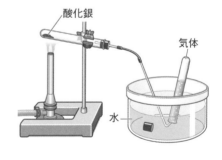

酸化銀　気体　水

✓よくでる (1)　発生する気体を集めるとき, はじめに出てくる気体は集めない。その理由を書け。

〔　　　　　　　　　　　　　　　　　〕

(2)　集めた気体の中に火のついた線香を入れたところ, 線香は炎を上げて燃えた。この気体は何か。　　　　　　　　　　　　　〔　　　　　　　〕

(3)　気体の発生後, 試験管の中に残った白い固体は何か。　〔　　　　　　　〕

(4)　(3)の物質がもつ特徴として誤っているものはどれか。次の**ア〜エ**から選び, 記号で答えよ。　　　　　　　　　　　　　　　〔　　　　　　　〕

　ア　磁石につく。　　　　**イ**　電流を流す。

　ウ　たたくとのびる。　　**エ**　みがくと光る。

③ 【水の電気分解】

水に少量の水酸化ナトリウムを加え，右の図のよう
な装置で電気分解を行った。次の問いに答えなさい。

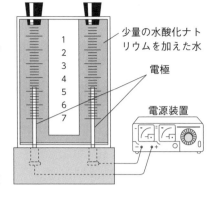

少量の水酸化ナト
リウムを加えた水

電極

電源装置

✓よくでる (1) 少量の水酸化ナトリウムを水に加えるのはなぜ
か。次のア〜ウから選び，記号で答えよ。

〔　　　　　〕

ア 水にとけている二酸化炭素を吸収させるため。

イ 電流を流しやすくするため。

ウ 発生した気体が水にとけてしまうのを防ぐため。

(2) 陰極，陽極それぞれに集まった気体の性質を次
のア〜エから選び，記号で答えよ。

陰極の気体〔　　　　〕 陽極の気体〔　　　　〕

ア 石灰水に通すと，石灰水が白くにごる。

イ 火のついた線香を気体の中に入れると，線香は炎を上げて燃える。

ウ 水でぬらした赤色リトマス紙を気体にふれさせると青色に変わる。

エ マッチの火を近づけると，ポッと音を立てて燃える。

思考 (3) 3分間で陽極と陰極に発生した気体の体積の合計は 4.5 cm³ であった。陰極に発生す
る気体の体積が 6 cm³ になるのにかかる時間は何分か。〔　　　　　〕

④ 【塩化銅水溶液の電気分解】

右の図のように，炭素棒を電極にして，青色の塩化銅水溶液
に電流を流したところ，一方の炭素棒からは気体が発生し，
他方の炭素棒には赤色の物質が付着した。次の問いに答えな
さい。

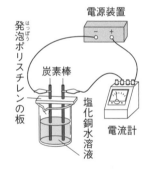

電源装置

発泡ポリスチレンの板

炭素棒

塩化銅水溶液

電流計

(1) 炭素棒から発生した気体について，正しく述べているも
のはどれか。次のア〜エから選び，記号で答えよ。

〔　　　　　〕

ア 陰極から発生し，においがない。 イ 陽極から発生し，においがない。

ウ 陰極から発生し，刺激臭がある。 エ 陽極から発生し，刺激臭がある。

(2) 炭素棒に付着した赤色の物質は何か。 〔　　　　　〕

入試レベル問題に挑戦

⑤ 【分解】

①のような装置を使って，炭酸水素ナトリウムを加熱してガラス管の先から出てきた気
体を石灰水に通すと，石灰水は白くにごった。また，試験管の口付近には水ができてい
たことから，炭酸水素ナトリウムがいくつかの物質に分解されたことが推測できた。下
の例にならって，炭酸水素ナトリウム以外の分解の例を1つ書きなさい。

例 炭酸水素ナトリウム ⟶ 炭酸ナトリウム＋二酸化炭素＋水

〔　　　　　　　　　　　　　　　　　　　　　　　　　　　　〕

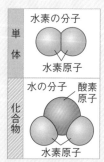
攻略のコツ モデルをもとに，物質を化学式で表せるようにする。

テストに出る! **重要ポイント**

◉ **原子・分子**

❶ **原子**…物質をつくっている最小の粒子。

❷ **分子**…原子がいくつか結びついてできている粒子。物質の性質を示す最小の粒子。

❸ **元素**…原子の種類。

◉ **物質の表し方**

❶ **元素記号**…元素ごとにつけられた記号。

❷ **化学式**…元素記号で物質の成り立ちを表した式。

◉ **単体と化合物**

❶ **単体**…1種類の元素からできている物質。

❷ **化合物**…2種類以上の元素からできている物質で，一定の割合で原子が結びついている。

おもな物質の化学式　▢ 単体　▨ 化合物

水素	H_2	鉄	Fe	銀	Ag	酸化マグネシウム	MgO
酸素	O_2	銅	Cu	水	H_2O	硫化鉄	FeS
炭素	C	亜鉛	Zn	二酸化炭素	CO_2	塩化ナトリウム	NaCl
硫黄	S	マグネシウム	Mg	酸化銀	Ag_2O	炭酸水素ナトリウム	$NaHCO_3$
塩素	Cl_2	ナトリウム	Na	酸化銅	CuO	炭酸ナトリウム	Na_2CO_3

Step 1 　基礎力チェック問題

解答▶ 別冊p.2

1 次の〔　　　〕にあてはまるものを選ぶか，あてはまる言葉を書きなさい。

☑ (1) 化学変化によって，それ以上分けることができない，最小の粒子を〔　　　　　〕という。

☑ (2) 原子がいくつか結びついてできていて，物質の性質を示す最小の粒子を〔　　　　　〕という。

☑ (3) 1種類の元素からできている物質を，〔　単体　　化合物　〕という。

☑ (4) 水素の元素記号は〔　S　　C　　H　〕，酸素の元素記号は〔　O　　Na　　Cl　〕，鉄の元素記号は〔　Cu　　Fe　　Mg　〕である。

☑ (5) 元素記号で物質の成り立ちを表した式を〔　　　　　〕という。

☑ (6) 水の化学式は〔　　　　　〕，二酸化炭素の化学式は〔　　　　　〕である。

得点アップアドバイス

1 ………………

(3) 単体も化合物も，1種類の物質からできている純粋な物質（純物質）である。いくつかの物質が混ざった混合物ではないので注意。

(6) 化学式中では原子の数は，元素記号の右下に小さい数字を書いて表す。1は省略する。

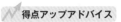

2 【原子・分子】
原子のモデルを次のように表すとき，下の問いに答えなさい。

| 水素原子● | 酸素原子○ | 炭素原子◎ |

☑(1) 次の**ア～エ**のモデルは，それぞれ何分子を表しているか。
ア ○○　　イ ●●　　ウ ●●●　　エ ○○○

ア〔　　　　　　　〕イ〔　　　　　　　〕
ウ〔　　　　　　　〕エ〔　　　　　　　〕

☑(2) 上のモデルの**ア**，**イ**のように，同じ種類の原子が結びついてできた
物質は，単体と化合物のどちらか。

〔　　　　　　　〕

☑(3) 上のモデルの**ウ**，**エ**のように，2種類以上の原子が一定の数の割合
で結びついてできた物質を何というか。

〔　　　　　　　〕

2‥‥‥‥‥‥‥‥

(2)(3)　ア，イは1種類の
元素からできている物質。
ウ，エは2種類の元素か
らできている物質。

3 【物質の表し方】
次の問いに答えなさい。

☑(1) 次の元素を元素記号で表せ。
① 水素〔　　　　　　　〕
② 窒素〔　　　　　　　〕
③ 硫黄〔　　　　　　　〕
④ 銅〔　　　　　　　〕
⑤ ナトリウム〔　　　　　　　〕

3‥‥‥‥‥‥‥‥

テストで注意 **元素記号の書き方**

元素記号を書くときは，
アルファベットの大文字
と小文字をきちんと書き
分けるようにする。

☑(2) 次の元素記号が表す元素の名称を答えよ。
① C〔　　　　　〕　② O〔　　　　　〕
③ Cl〔　　　　　〕　④ Mg〔　　　　　〕
⑤ Fe〔　　　　　〕　⑥ Ag〔　　　　　〕

☑(3) 次のモデルで表される物質は何か。物質名と化学式をそれぞれ答えよ。
①　酸素原子
　　炭素原子

物質名〔　　　　　　　〕
化学式〔　　　　　　　〕

②　　　　　　塩素原子

　　　ナトリウム
　　　原子

物質名〔　　　　　　　〕
化学式〔　　　　　　　〕

化学式を見ると，
その物質をつくる
原子の種類と数の
割合がわかるね。

1 【単体と化合物】
次のア〜カのうち単体はどれか。すべて選び，記号で答えなさい。

〔　　　　　　　　　　　〕

ア 酸素　　　　　　イ 水　　　　　ウ 酸化鉄
エ 鉄　　　　　　　オ 空気　　　　カ 二酸化炭素

2 【原子・分子】
右のモデルは，原子がぎっしり集まっているようすを表している。これについて，次の
問いに答えなさい。

(1) このモデルは，固体，液体，気体のうち，
どれを表しているか。〔　　　　　　　〕

(2) このモデルは，単体，化合物のどちらを表
しているか。〔　　　　　　　〕

ミス注意 (3) 物質の状態が，固体，液体，気体と変わる
とき，物質をつくる原子そのものが変わるか，
または原子の集まり方だけが変わるか。〔　　　　　　　　　　　〕

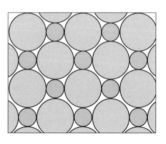

3 【原子・分子】
原子・分子について，正しく述べているものはどれか。次のア〜クからすべて選び，記
号で答えなさい。

〔　　　　　　　　　　　〕

ア 化学変化をするとき，原子がちがう種類の原子に変わる。
イ 化学変化をするとき，原子が新しくできることがある。
ウ 原子は化学変化でそれ以上分けることはできない。
エ 分子は物質の性質を示す最小の粒子である。
オ 原子の質量は，どの種類のものでも同じである。
カ 状態変化すると，原子がなくなることがある。
キ 塩化ナトリウムは分子をつくる。
ク 原子の大きさは，種類によって決まっている。

4 【原子・分子】
3種類の原子を次のようにモデルで表すとき，①〜④の分子はどのようなモデルで表さ
れるか。それぞれかきなさい。

水素原子○	酸素原子●	炭素原子◎

✓よくでる ① 水　〔　　　　　　　〕　　② 二酸化炭素　〔　　　　　　　〕

③ 水素　〔　　　　　　　〕　　④ 酸素　〔　　　　　　　〕

5 【化学式】

次の問いに答えなさい。

✓よくでる (1) 次の①〜⑤のように表される物質は何か。化学式(かがくしき)と名称(めいしょう)をそれぞれ答えよ。

① 炭素原子1個と酸素原子2個が結びついて分子をつくっている。

化学式〔　　　　　　　〕 名称〔　　　　　　　　　　　〕

② 銅原子と酸素原子が，1：1の数の割合で結びついている。

化学式〔　　　　　　　〕 名称〔　　　　　　　　　　　〕

③ 鉄原子と硫黄(いおう)原子が，1：1の数の割合で結びついている。

化学式〔　　　　　　　〕 名称〔　　　　　　　　　　　〕

④ 塩素原子が2個結びついて分子をつくっている。

化学式〔　　　　　　　〕 名称〔　　　　　　　　　　　〕

⑤ 炭素原子がたくさん集まっている。

化学式〔　　　　　　　〕 名称〔　　　　　　　　　　　〕

ミス注意 (2) (1)の①〜⑤の物質から，化合物をすべて選び，番号で答えよ。

〔　　　　　　　　　　　〕

6 【化学変化と化学式】

水に水酸化ナトリウムを少量加え，右の図のようにして，電気分解(でんきぶんかい)を行った。次の問いに答えなさい。

(1) 水酸化ナトリウムの化学式を，次のア〜エから選び，記号で答えよ。

〔　　　　　　〕

ア　NaOH　　　イ　$Ca(OH)_2$

ウ　NaCl　　　エ　HCl

(2) 陰極(いんきょく)と陽極(ようきょく)に発生した気体の化学式をそれぞれ書け。　陰極〔　　　　　〕 陽極〔　　　　　　　〕

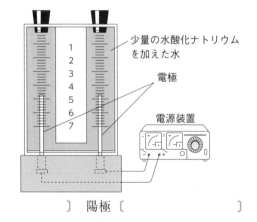

少量の水酸化ナトリウムを加えた水

電極

電源装置

入試レベル問題に挑戦

 7 【化学式】

銀原子のモデルを○，酸素原子のモデルを●とすると，酸化銀は○●○で表すことができる。酸化銀──→銀＋酸素という化学変化をモデルで表すとき，酸化銀のモデル○●○を2個使うと，うまく説明ができる。その理由を書きなさい。

〔　　　　　　　　　　　　　　　　　　　　　　　　　　　　　　〕

ヒント

酸素はいつも分子の状態で存在している。──→の左右(化学変化の前後)で原子の数は変わらない。

3 物質の結びつきと化学反応式

リンク ニューコース参考書 中2理科 p.50～56

攻略のコツ おもな化学反応式は確実に書けるようにしておこう。

テストに出る! 重要ポイント

● **物質が結びつく化学変化**

| 物質A | + | 物質B | ⟶ | 物質C（化合物） |

❶ 鉄と硫黄が結びつく化学変化…鉄 ＋ 硫黄 ⟶ 硫化鉄

❷ 銅と硫黄が結びつく化学変化…銅 ＋ 硫黄 ⟶ 硫化銅

A そのまま　B 加熱する

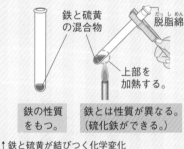

鉄と硫黄の混合物

脱脂綿

上部を加熱する。

鉄の性質をもつ。

鉄とは性質が異なる。（硫化鉄ができる。）

↑鉄と硫黄が結びつく化学変化

	A	B
磁石との反応	磁石につく。	磁石につかない。
うすい塩酸との反応	水素（無臭）が発生。	硫化水素（腐卵臭）が発生。

● **化学反応式**

● **化学反応式**…化学式を用いて，化学変化を表した式。矢印の左右で各原子の数が等しくなるようにする。

おもな化学反応式

炭酸水素ナトリウムの熱分解	$2NaHCO_3 \longrightarrow Na_2CO_3 + CO_2 + H_2O$
酸化銀の熱分解	$2Ag_2O \longrightarrow 4Ag + O_2$
水の電気分解	$2H_2O \longrightarrow 2H_2 + O_2$
鉄と硫黄の反応	$Fe + S \longrightarrow FeS$
銅と硫黄の反応	$Cu + S \longrightarrow CuS$
水素と酸素の反応	$2H_2 + O_2 \longrightarrow 2H_2O$
炭素と酸素の反応	$C + O_2 \longrightarrow CO_2$

Step 1　基礎力チェック問題

解答▶ 別冊p.3

1 次の〔　　〕にあてはまるものを選ぶか，あてはまる言葉を書きなさい。

☑(1) 鉄と硫黄の混合物を加熱すると，〔　　　　　　　　〕という物質ができる。

☑(2) (1)でできた物質は，もとの物質とは〔 ちがう　同じ 〕性質で，できた物質は磁石に〔 つく　つかない 〕。

☑(3) 銅と〔　　　　　　〕が結びつくと，硫化銅ができる。

☑(4) 化学式を用いて，化学変化を表した式を〔　　　　　　　　　〕という。

得点アップアドバイス

1

(1) できた物質は，硫黄と鉄の2種類の元素からなる化合物である。

(3) 硫化銅は，銅とは別の性質をもった物質である。

2 【鉄と硫黄が結びつく化学変化】
右の図のように，鉄粉3.5 g
と硫黄の粉末2.0 gをよく混
ぜ合わせ，2等分して2本
の試験管A，Bに入れた。
次に試験管Aの粉の上の方
を加熱したところ，試験管
Aの粉は赤くなり，完全に
反応した。次の問いに答え
なさい。

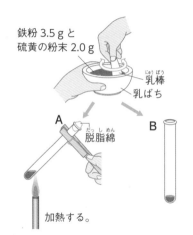

鉄粉3.5 gと
硫黄の粉末2.0 g

乳棒
乳ばち

A
脱脂綿
B

加熱する。

(1) 反応後，試験管Aの中にできた物質は何か。名称を答えよ。

〔　　　　　　　　　　　〕

(2) 試験管A，Bにそれぞれ磁石を近づけたとき，磁石に引きつけられ
るのはどちらか。記号で答えよ。

〔　　　　　　　　　　　〕

(3) 試験管A，Bの中の物質を少量とり，それぞれにうすい塩酸を加え
たとき，においのない気体を発生するのはどちらか。記号で答えよ。

〔　　　　　　　　　　　〕

(4) (3)で発生した気体の名称を答えよ。

〔　　　　　　　　　　　〕

(5) 試験管Aの中にできた物質は，単体，化合物，混合物のどれか。

〔　　　　　　　　　　　〕

3 【化学反応式】
化学反応式について，次の問いに答えなさい。

(1) 水を電気分解すると，水素と酸素に分解し，その体積比は2：1に
なる。●は水素原子，○は酸素原子を表す。

① このときの変化をモデルで表すとどうなるか。次のア，イから選び，
記号で答えよ。〔　　　　　　　　〕

ア ●○●　⟶　●● ＋ ○

イ ●○● ●○●　⟶　●● ●● ＋ ○○

② 水の電気分解を表す化学反応式を書け。

〔　　　　　　　　　　　〕

(2) 銅粉を空気中で加熱すると，酸化銅ができる。このときの変化を表
す化学反応式を，次のア〜ウから選び，記号で答えよ。

〔　　　　　　　　　　　〕

ア　$Cu + O \longrightarrow CuO$

イ　$Cu + O_2 \longrightarrow CuO_2$

ウ　$2Cu + O_2 \longrightarrow 2CuO$

得点アップアドバイス

2

✓確認 **試験管の上部を加熱する理由**

左の図で，試験管の下部
を加熱すると，反応に
よってできた物質が試験
管の底にたまり反応が途
中で止まってしまう。試
験管の上部を加熱する
と，できた物質は試験管
の底に流れるため，反応
が続く。

(2)(3) 鉄の性質をおさえ
て考える。試験管Aの中
にできた物質は，鉄の性
質をもったままか，鉄と
は別の性質になったかを
つかんでおこう。

(5) 試験管Aの中にでき
た物質は，2種類以上の
物質が結びついている。

3

(2) 銅の元素記号は，
Cuで表される。モデル
で考えてみると，酸化銅
は，銅原子と酸素原子が
1：1の数の割合で結び
ついているため，
●● ＋ ○○ ⟶
●○ ●○
となる。

1 【鉄と硫黄が結びつく化学変化】

　A鉄粉と硫黄の粉末の混合物を試験管に入れ，図のように加熱した。B反応が始まり，上部が赤くなったところで加熱するのをやめたが，そのまま激しく反応は続き，鉄と硫黄がすべて反応して硫化鉄（りゅうかてつ）ができた。次の問いに答えなさい。

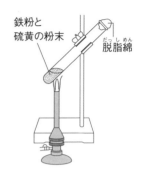

鉄粉と硫黄の粉末

脱脂綿（だっしめん）

ミス注意 (1)　下線部Aの混合物を少量とり，これにうすい塩酸を加えたら気体が発生した。この気体の化学式（かがくしき）を書け。

〔　　　　　　　　　　〕

✓よくでる (2)　下線部Bで，加熱するのをやめても，激しく反応が続いたのはなぜか。その理由を簡潔に書け。

〔　　　　　　　　　　　　　　　　　　　　　　　　　　　　　〕

(3)　反応によってできた硫化鉄を少量とり，うすい塩酸を加えたときの反応として，正しいものはどれか。次のア〜エから選び，記号で答えよ。

〔　　　　　　　　　〕

　ア　気体は発生しなかった。
　イ　においのない無色の気体が発生した。
　ウ　においのないうすい黄緑色の気体が発生した。
　エ　特有なにおいのある気体が発生した。

(4)　次の文の①，②の〔　　〕にあてはまる言葉を選び，記号で答えよ。

①〔　　　　　〕 ②〔　　　　　〕

　下線部Bの反応の前とあとで，試験管の中の物質に磁石を近づけてみた。反応前では，試験管の中の物質は磁石に①〔　ア　引きつけられた　　イ　引きつけられなかった　〕。また，反応のあとでは，試験管の中の物質は磁石に②〔　ア　引きつけられた　イ　引きつけられなかった　〕。

2 【化学反応式】

次の(1)〜(3)の〔　　〕に適当な数字や化学式を書いて，それぞれの化学変化（かがくへんか）を表した化学反応式（かがくはんのうしき）を完成させなさい。

(1)　銅粉を空気中で加熱すると，黒色の酸化銅（CuO）ができる。

〔　　　　　　　　〕 ＋ O_2 ⟶ $2CuO$

(2)　炭酸水素ナトリウムを加熱すると，炭酸ナトリウムと二酸化炭素と水に分解（ぶんかい）する。

$2NaHCO_3$ ⟶ Na_2CO_3 ＋〔　　　　　　　〕＋〔　　　　　　　〕

(3)　銅粉と硫黄の粉末の混合物を加熱すると，黒色の硫化銅（CuS）ができる。

Cu ＋〔　　　　　　　〕⟶〔　　　　　　　〕

3 【化学反応式】

次の問いに答えなさい。

図1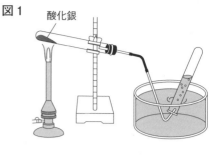

(1) 図1のような装置で酸化銀を加熱した ところ，酸素が発生し，銀が生じた。次 の化学反応式は，このときに起こった変 化を表したものである。化学式の前に必 要な数字を書いて，化学反応式を完成さ せよ。

〔　　　　　　Ag_2O　　　⟶　　　Ag　　　+　　　O_2　　　〕

(2) 図2のような装置でマグネシウムの粉末を加 熱したところ，酸化マグネシウムができた。こ のときの反応を化学反応式で表せ。なお，酸化 マグネシウムの化学式は MgO で表される。

図2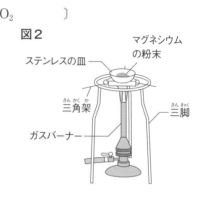

〔　　　　　　　　　　　　　　　〕

4 【化学反応式】

次の(1)～(4)の化学変化を，化学反応式で表しなさい。

✓よくでる (1) 水素と酸素が結びつくと水ができる。

〔　　　　　　　　　　　　　　　〕

✓よくでる (2) 炭素と酸素が結びつくと二酸化炭素ができる。

〔　　　　　　　　　　　　　　　〕

(3) 鉄粉と硫黄の粉末をよく混ぜて加熱すると，硫化鉄ができる。

〔　　　　　　　　　　　　　　　〕

思考 (4) 窒素と水素からアンモニアをつくる。ただし，窒素の化学式は N_2，アンモニアの分 子は，窒素原子1個と水素原子3個が結びついてできている。

〔　　　　　　　　　　　　　　　〕

入試レベル問題に挑戦

5 【化学反応式】

次の問いに答えなさい。

(1) ふくらし粉などにふくまれる化合物（$NaHCO_3$）を粉末のまま加熱すると，気体と液 体が発生した。この反応の化学反応式を書け。なお，気体を石灰水に通すと白濁した。

〔　　　　　　　　　　　　　　　〕

(2) 〔　　〕に適当な数字や化学式を書いて，塩化銅水溶液を電気分解したときの化学反 応式を完成させよ。ただし，塩化銅は銅原子と塩素原子が1：2の数の割合で結びつ いてできている。

〔　　　　　　　　　〕⟶ Cu + 〔　　　　　　　　〕

💡 **ヒント**

(1) 炭酸水素ナトリウムの分解では，炭酸ナトリウム（Na_2CO_3）もできる。

4 酸化と還元

ニューコース参考書
中2理科
p.57～66
リンク

攻略のコツ 酸化と還元は同時に起こることを忘れないようにしよう。

テストに出る! 重要ポイント

酸化と燃焼

❶ **酸化**…物質が酸素と結びつく化学変化。

$$\boxed{\text{物質}} + \boxed{\text{酸素}} \longrightarrow \boxed{\text{酸化物}\text{（酸化によりできた物質）}}$$

⇨酸化物の質量は，結びついた酸素の質量の分だけ大きくなる。

例 $2Cu + O_2 \longrightarrow 2CuO$
銅(赤色)　酸素　酸化銅(黒色)

$C + O_2 \longrightarrow CO_2$
炭素　酸素　二酸化炭素

$2Mg + O_2 \longrightarrow 2MgO$
マグネシウム(銀白色)　酸素　酸化マグネシウム(白色)

$2H_2 + O_2 \longrightarrow 2H_2O$
水素　酸素　水

❷ **燃焼**…激しく熱や光を出しながら酸化する化学変化。

❸ **おだやかな酸化**…ゆっくりと酸化が進む化学変化。

還元

❶ **還元**…酸化物が酸素をうばわれる化学変化。

❷ **酸化と還元の関係**…酸化と還元は同時に起こる。

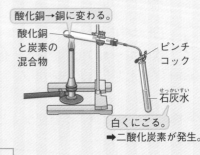

酸化銅→銅に変わる。
酸化銅と炭素の混合物
ピンチコック
石灰水
白くにごる。
➡二酸化炭素が発生。

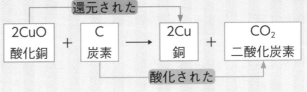

還元された

$$\boxed{\substack{2CuO \\ \text{酸化銅}}} + \boxed{\substack{C \\ \text{炭素}}} \longrightarrow \boxed{\substack{2Cu \\ \text{銅}}} + \boxed{\substack{CO_2 \\ \text{二酸化炭素}}}$$

酸化された

Step 1　基礎力チェック問題

解答 ▶ 別冊p.4

1 次の〔　　〕にあてはまるものを選ぶか，あてはまる言葉を書きなさい。

☑(1) 物質が酸素と結びつく化学変化を〔　　　　　〕という。

☑(2) 銅と酸素が結びつくと〔　　　　　〕という物質ができる。

☑(3) 酸化マグネシウムは，酸素と〔　　　　　　　〕が結びついてできたものである。

☑(4) スチールウールを燃やすと，〔　酸素　酸化鉄　〕ができる。このときできた物質を〔　酸化物　混合物　〕という。

☑(5) 酸素と結びついている物質が酸素をうばわれる化学変化を〔　　　　　〕という。

得点アップアドバイス

1 ....

(2) 銅と酸素が結びついてできた物質は，酸化物である。

(4) スチールウールは鉄。

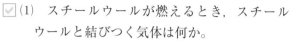

2 【スチールウールの燃焼】
スチールウールを少量とり，図のようにして加熱し，燃焼させた。このことについて，次の問いに答えなさい。

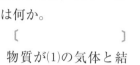

ピンセット

スチールウール
（鉄）

- (1) スチールウールが燃えるとき，スチールウールと結びつく気体は何か。
  〔　　　　　　　　　〕

- (2) この変化のように，物質が(1)の気体と結びつく化学変化を何というか。次の**ア**～**ウ**から選び，記号で答えよ。
  〔　　　　　　　　　〕

  ア 酸化　　　　**イ** 混合　　　　**ウ** 還元

- (3) この実験でできた物質を何というか。次の**ア**，**イ**から選び，記号で答えよ。
  〔　　　　　　　　　〕
  ア 酸化物　　　**イ** 混合物

- (4) この実験でできた新しい物質は何か。
  〔　　　　　　　　　〕

- (5) 加熱前のスチールウールに，うすい塩酸を加えたとき，発生する気体は何か。
  〔　　　　　　　　　〕

3 【銅の酸化】
右の図のように，よくみがいた銅線を炎（ほのお）にかざして熱した。これについて，次の問いに答えなさい。

銅線

ガスバーナー

- (1) よくみがいた銅線は何色をしているか。
  〔　　　　　　　　　〕

- (2) 炎にかざすと銅線の色は何色に変わるか。
  〔　　　　　　　　　〕

- (3) 銅を熱したときの化学変化を次のように表した。（　　）にあてはまる物質名を書け。
  銅　＋　（　①　）　⟶　（　②　）
  ① 〔　　　　　　　　　〕
  ② 〔　　　　　　　　　〕

- (4) 銅が(3)の②の物質に変化するとき，質量はどのように変化するか。
  〔　　　　　　　　　〕

- (5) (4)のようになるのはなぜか。
  〔　　　　　　　　　〕

1 【マグネシウムの燃焼】
右の図のような装置をつくり，電流を流してマグネシウムリボンを燃焼(ねんしょう)させた。マグネシウムリボンは全部は燃えきらないで残り，水がびんの容積の約$\frac{1}{5}$まで上がっていた。これについて，次の問いに答えなさい。

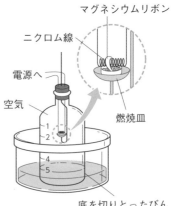
マグネシウムリボン
ニクロム線
電源へ
空気
燃焼皿
底を切りとったびん

(1) マグネシウムリボンが燃焼するようすを簡単に説明せよ。

〔   〕

思考 (2) マグネシウムリボンが燃えきらないで残ったのはなぜか。簡単に説明せよ。

〔   〕

ミス注意 (3) 実験後，びんの中の大部分を占(し)める気体は何か。次のア〜エから選び，記号で答えよ。

〔   〕

ア 酸素   イ 窒素(ちっそ)   ウ 水素   エ 二酸化炭素

(4) マグネシウムと燃焼後の酸化マグネシウムの性質のちがいは何か。1つ簡単に説明せよ。

〔   〕

2 【酸化銅の還元】
酸化銅と炭素の粉末の混合物を，右の図のようにして加熱すると，気体が発生した。これについて，次の問いに答えなさい。

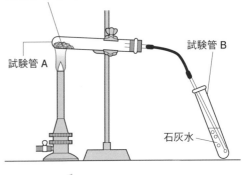
酸化銅と炭素の粉末の混合物
試験管 A
試験管 B
石灰水

(1) 試験管Bの石灰水(せっかいすい)はどのように変化するか。

〔   〕

(2) 気体が出なくなるまで加熱すると，試験管Aの酸化銅は何色の物質に変化するか。

〔   〕

(3) 試験管Aの中で起こった化学変化(かがくへんか)を化学反応式(かがくはんのうしき)で表せ。

〔   〕

よくでる (4) 試験管Aの中にあった酸化銅と炭素の粉末のうち，還元(かんげん)されたのはどちらか。

〔   〕

(5) 還元とは，どのような化学変化か。簡単に説明せよ。

〔   〕

③ 【ろうそくの燃焼】
右の図のように，乾（かわ）いた集気びんの中でろうそくを燃焼させると，水が発生して集気びんの内側が白くくもった。これについて，次の問いに答えなさい。

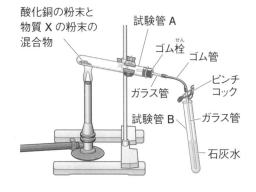

(1) 集気びんの内側の白いくもりに塩化コバルト紙をつけると何色になるか。次の**ア**〜**エ**から１つ選び，記号で答えよ。

〔　　　　　　〕

ア 白色　　**イ** 赤色　　**ウ** 青色　　**エ** 黄色

(2) 発生した水は，ろうそくにふくまれている水素と，何が結びついてできたものか。　〔　　　　　　〕

(3) ろうそくが燃焼するとき，水と二酸化炭素が発生する。発生した気体が二酸化炭素であることを確かめる方法とその結果を書け。

〔　　　　　　　　　　　　　　　　　　　　　　　　　　　　〕

(4) 二酸化炭素は，ろうそくにふくまれている炭素と(2)で答えたものが結びついてできるが，一般（いっぱん）に炭素をふくむ物質を何というか。　　〔　　　　　　　〕

思考(5) 炭酸水素ナトリウムを試験管に入れて加熱すると，水と二酸化炭素が発生する。この化学変化とろうそくの燃焼とのちがいを，分解（ぶんかい）という言葉を使って簡単に書け。

〔　　　　　　　　　　　　　　　　　　　　　　　　　　　　〕

入試レベル問題に挑戦

④ 【酸化銅から銅をとり出す】
右の図のようにして，酸化銅の粉末と物質**X**の粉末の混合物を加熱した。しばらくすると，試験管**A**の中に赤色の銅ができ，試験管**B**の石灰水が白くにごった。これについて，次の問いに答えなさい。

(1) 物質**X**は何か。〔　　　　　　　〕

(2) この実験から，酸素は銅と物質**X**のどちらと結びつきやすいと考えられるか。

〔　　　　　　　〕

(3) この実験で，酸化銅が銅になる化学変化を何というか。　〔　　　　　　　〕

(4) この実験を終わらせるとき，ガスバーナーの火を消す前に，ある操作を先にしないと，試験管**A**が割れるおそれがある。ある操作とは何か。

〔　　　　　　　　　　　　　　　　　　　　　　　　　　　　〕

思考(5) この実験で，試験管**A**のゴム栓は，銅のでき方にどう影響（えいきょう）しているか。ゴム栓をしないときと比べて，わかりやすく説明せよ。

〔　　　　　　　　　　　　　　　　　　　　　　　　　　　　〕

ヒント

(5) 試験管**A**の中に外から空気が入ってくると，物質**X**はどうなるか考える。

21

🔗 リンク
ニューコース参考書
中2理科
p.68〜77

5 化学変化と質量の変化

攻略のコツ 質量保存の法則は，気体が関係する化学変化でも成り立つ。

テストに出る！ **重要ポイント**

● 質量保存の法則

❶ 質量保存の法則…化学変化の前後で，物質全体の質量は変わらない。 反応前の質量の総和＝反応後の質量の総和

❷ 化学変化の前後の質量の変化

反応させる場所 反応のようす	空気中	密閉容器内
沈殿のできる反応	反応前の質量＝反応後の質量 空気中への物質の出入りがないため。	変わらない。
気体の出る反応	反応前の質量＞反応後の質量 気体が空気中へ逃げるため。	変わらない。
金属の酸化	反応前の質量＜反応後の質量 空気中の酸素と結びつくため。	変わらない。

● 結びつく物質の質量の割合

2つの物質A，Bが結びつくとき，A，Bは常に一定の質量の割合で結びつく。

例 銅：酸素＝4：1

マグネシウム：酸素＝3：2

↑金属の酸化の実験

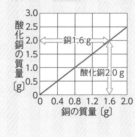

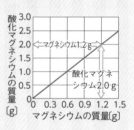

Step 1 基礎力チェック問題

解答 別冊p.5

1 次の〔 〕にあてはまるものを選ぶか，あてはまる言葉を書きなさい。

☑ (1) 化学変化の前後で，物質全体の質量は変わらない。これを〔 　　　　　　〕の法則という。

☑ (2) 気体の発生する反応を空気中で行うと，反応後の物質の質量は，反応前よりも〔 大きく　小さく 〕なる。

☑ (3) 銅粉を空気中で加熱すると，〔 分解し　酸素と結びつい 〕て，加熱後の質量は加熱前よりも〔 大きく　小さく 〕なる。

☑ (4) 金属と結びつく酸素の質量は，金属の質量に〔 　　　　　　〕する。

得点アップアドバイス

1 ....

(2) 発生した気体は空気中に出ていってしまう。

2 【質量保存の法則】

炭酸水素ナトリウムとうすい塩酸を混ぜ合わせ, 反応の前後での質量の変化を調べた。次の問いに答えなさい。

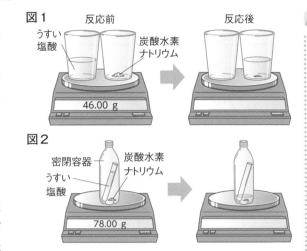

図1　反応前　　　　　　　　反応後
うすい塩酸　　　炭酸水素ナトリウム

46.00 g

図2
密閉容器　　炭酸水素ナトリウム
うすい塩酸

78.00 g

得点アップアドバイス

2 ……………………

石灰石にうすい塩酸を加えても, 同じ気体が発生するよ。

☑(1)　炭酸水素ナトリウムとうすい塩酸を混ぜ合わせると気体が発生する。この気体は何か。
〔　　　　　　　　〕

☑(2)　図1のように, ふたのない容器内で混ぜ合わせると, 反応後の質量は反応前と比べてどうなるか。
〔　　　　　　　　〕

☑(3)　図2のように, 密閉容器内で混ぜ合わせると, 反応後の質量は反応前と比べてどうなるか。
〔　　　　　　　　〕

(3)　容器は密閉され, 気体の出入りはできない。

☑(4)　図2の操作後, 密閉容器のふたをゆるめると, シュッという音がした。その理由を次のア～ウから選び, 記号で答えよ。
〔　　　　　　　　〕

ア　気体がいきおいよく容器の外へ出たため。
イ　塩酸が激しく蒸発したため。
ウ　気体がいきおいよく容器の外から入ったため。

(4)　密閉容器の中には, 発生した気体がつまっている。

3 【結びつく物質の質量の割合】

右のグラフは, 銅粉を十分に加熱したときの, 銅の質量と得られた酸化物の質量の関係を表している。次の問いに答えなさい。

酸化物の質量〔g〕

1.0
0.8
0.6
0.4
0.2
0

0　0.2　0.4　0.6　0.8　1.0
銅の質量〔g〕

3 ……………………

ヒント　**金属と結びつく酸素の質量**

結びつく酸素の質量
＝酸化物の質量
　－金属の質量

☑(1)　銅粉4gから得られる酸化物は何gか。
〔　　　　　　〕

☑(2)　銅が酸化してできた酸化物は何か。
〔　　　　　　　　〕

☑(3)　銅と酸素は, 何対何の質量の比で結びつくか。最も簡単な整数の比で答えよ。
銅：酸素＝〔　　　：　　　〕

1 【うすい硫酸と水酸化バリウム水溶液の反応】

図1のようにして，うすい硫酸と水酸化バリウム水溶液の質量をはかり，混ぜ合わせたあと，図2のようにして再び質量をはかった。次の問いに答えなさい。

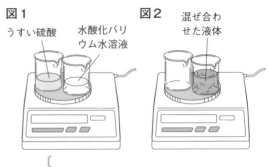

図1　うすい硫酸　水酸化バリウム水溶液

図2　混ぜ合わせた液体

✓よくでる (1) うすい硫酸と水酸化バリウム水溶液を混ぜ合わせると，どのような変化が見られるか。

〔　　　　　　　　　　　　　〕

(2) 図1ではかった反応前の質量と，図2ではかった反応後の質量を比べると，どのようなことがいえるか。次のア～ウから選び，記号で答えよ。　　　〔　　　　〕

ア　反応前の方が質量は大きい。　　　イ　反応後の方が質量は大きい。

ウ　どちらも同じである。

(3) 反応の前後で質量が(2)のようになることを，何の法則というか。

〔　　　　　　　　　　　　　〕

2 【マグネシウムの燃焼】

マグネシウムの粉末を0.3gはかりとり，図1のような装置で空気中でかき混ぜながら，質量が変化しなくなるまで十分加熱した。さらにマグネシウムの粉末を，0.6g，0.9g，1.2gと量を変えて同様の操作を行った。図2は，マグネシウムの質量と結びついた酸素の質量との関係をグラフに表したものである。次の問いに答えなさい。

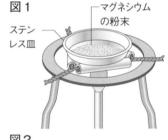

図1　ステンレス皿　マグネシウムの粉末

(1) マグネシウムをかき混ぜながら加熱するのはなぜか。簡単に書け。

〔　　　　　　　　　　　　　〕

(2) 結びついたマグネシウムと酸素の質量比を，最も簡単な整数の比で答えよ。

〔　　　：　　　〕

(3) マグネシウムの粉末24gを空気中で十分加熱してできる酸化物は，何gか。

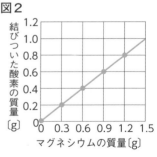

図2
結びついた酸素の質量〔g〕
1.2
1.0
0.8
0.6
0.4
0.2
0
0　0.3　0.6　0.9　1.2　1.5
マグネシウムの質量〔g〕

〔　　　　　　　　〕

思考(4) マグネシウムの粉末を加熱するときは鉄皿ではなくステンレス皿を使用する。その理由は何か。次のア～ウから1つ選び，記号で答えよ。　　　〔　　　〕

ア　鉄皿は加熱すると，膨張して軽くなるため。

イ　鉄皿は酸素と結びつかないため。

ウ　ステンレス皿は酸素と結びつかないため。

3 【金属の酸化】
さまざまな金属の単体 a 〜 j（同種類のものもある）を，空気中で完全に酸化させた。右の図は，それぞれの金属の質量と結びついた酸素の質量の関係を表したものである。これを参考にして，次の問いに答えなさい。

(1)　a 〜 j には，何種類の金属があるか。

〔　　　　　　　　　　　　〕

(2)　g の金属では，金属と酸化物の質量の比はどれくらいになるか。最も簡単な整数の比で答えよ。　　〔　　　　：　　　　〕

(3)　f と同種類の金属 36 g を完全に酸化させた場合，何 g の酸化物ができるか。

〔　　　　　　　　　　　　〕

(4)　b と同種類の金属を完全に酸化させたときの，金属の質量と酸化物の質量との関係を右のグラフに表せ。

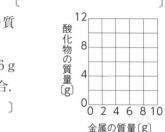

思考 (5)　密閉した容器の中に，a と同種類の金属 14 g と酸素 6 g を入れて，どちらか一方がなくなるまで反応させた場合，何 g の酸化物が生じるか。　　〔　　　　　　　　〕

4 【水の合成】
右のグラフは，水素と酸素を反応させて水をつくるときの，反応する 2 つの気体の体積の関係を表している。次の問いに答えなさい。

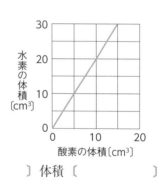

(1)　酸素 $10 \, \text{cm}^3$ と反応する水素の体積は何 cm^3 か。

〔　　　　　　　　　　　　〕

(2)　水素 $10 \, \text{cm}^3$ と酸素 $10 \, \text{cm}^3$ を反応させたとき，反応しないで残る気体名と体積を書け。

気体名〔　　　　　　　　〕体積〔　　　　　　　〕

入試レベル問題に挑戦

5 【金属の酸化】
右のグラフは，金属の質量と，その酸化物の質量との関係を表したものである。実線は銅，点線はマグネシウムを示している。いずれの酸化物も金属原子 1 個と酸素原子 1 個が結合している。銅原子 1 個とマグネシウム原子 1 個の質量比を，最も簡単な整数の比で答えよ。

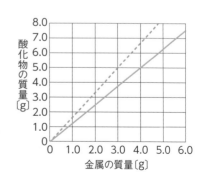

〔　　　　：　　　　〕

> ヒント
> 「酸化物の質量−金属の質量＝結びついた酸素の質量」。この関係式を使って，同じ質量の酸素と結びつく銅とマグネシウムの質量比を求める。

25

6　化学変化と熱

リンク
ニューコース参考書
中2理科
p.78～80

攻略のコツ　化学変化が起きたときの熱の出入りは，周囲の温度からつかむ。

テストに出る！ **重要ポイント**

○ **発熱反応**

● **発熱反応**…周囲に熱を発生する化学変化。

| 物質A | + | 物質B | ⟶ | 物質C | + | 熱 |

例・鉄粉と活性炭の混合物に食塩水を加える。（化学かいろに利用）

・うすい塩酸にマグネシウムリボンを入れる。

・都市ガス（メタンなど）や木炭の燃焼。

・酸化カルシウムに水を加える。（加熱式弁当に利用）

温度計　ガラス棒
食塩水
鉄粉と活性炭の混合物

↑鉄粉の酸化の実験

○ **吸熱反応**

● **吸熱反応**…周囲から熱を吸収する化学変化。

| 物質X | + | 物質Y | + | 熱 | ⟶ | 物質Z |

例・水酸化バリウムと塩化アンモニウムを混ぜ合わせる。

・炭酸水素ナトリウムとクエン酸の混合物に水を加える。

※硝酸アンモニウムに水を加える。（冷却パックに利用）

　　※物質が水にとけるときに熱が吸収される。（物理変化）

Step 1　基礎力チェック問題

解答▶ 別冊p.6

1　次の〔　　〕にあてはまるものを選ぶか，あてはまる言葉を書きなさい。

☑ (1)　鉄が酸化するとき，熱を〔　発生　　吸収　〕する。

☑ (2)　鉄と酸素が結びつく反応は，温度を〔　上げる　　下げる　〕化学変化である。

☑ (3)　(1)，(2)のような反応を〔　　　　　〕反応という。

☑ (4)　水酸化バリウムと塩化アンモニウムが反応すると，熱を〔　発生　吸収　〕する。

☑ (5)　炭酸水素ナトリウムとクエン酸の混合物に水を加えると，熱を〔　発生　　吸収　〕する。

☑ (6)　冷却パックは，硝酸アンモニウムが〔　酸化する　　水にとける　〕ときに，温度が下がることを利用している。

☑ (7)　(4)～(6)のような反応を〔　　　　　〕反応という。

得点アップアドバイス

1

✓確認　**熱の出入りと周囲の温度**

周囲に熱を発生する化学変化では周囲の温度は上がり，周囲から熱を吸収する化学変化では周囲の温度は下がる。

2 【鉄と酸素の反応】
化学かいろは鉄と酸素の化学変化のときに熱の出入りがあること
を利用したものである。次の問いに答えなさい。

☑(1)　熱の出入りを正しく述べているのはどれか。次の**ア～エ**から選び，
記号で答えよ。　　　　　　　　　　　　　　　〔　　　　〕
　　ア　鉄粉が酸素によって分解して，発熱するのを利用している。
　　イ　鉄粉が酸素と結びついて，発熱するのを利用している。
　　ウ　鉄粉が酸素によって分解して，熱を吸収するのを利用している。
　　エ　鉄粉が酸素と結びついて，熱を吸収するのを利用している。
☑(2)　鉄が酸素と結びつく化学変化を何というか。　〔　　　　〕

3 【水酸化バリウムと塩化アンモニウムの反応】
右の図のように，水酸化バリウム
と塩化アンモニウムを入れたビー
カーに，ぬれたろ紙でふたをして
ガラス棒でよくかき混ぜ，化学変
化における温度変化を調べた。こ
れについて，次の問いに答えなさ
い。

ガラス棒
温度計
ぬれたろ紙
水酸化バリウムと
塩化アンモニウム
の混合物

☑(1)　この化学変化で，発生する気体は何か。　〔　　　　〕
☑(2)　ぬれたろ紙でビーカーにふたをするのは何のためか。
　　〔　　　　　　　　　　　　　　　　　　　　　　　〕
☑(3)　温度は，どのように変化するか。　　　　〔　　　　〕
☑(4)　(3)のように，温度が変化するのはなぜか。その理由を，次の**ア～エ**
から選び，記号で答えよ。　　　　　　　　　　〔　　　　〕
　　ア　化学変化のとき，熱を放出したから。
　　イ　化学変化のとき，光を放出したから。
　　ウ　化学変化のとき，熱を外部から吸収したから。
　　エ　化学変化のとき，光を外部から吸収したから。

4 【発熱反応と吸熱反応】
次の各文で，発熱反応には○，吸熱反応には△を書きなさい。

☑　**ア**　水酸化バリウムに塩化アンモニウムを加える。　〔　　　〕
☑　**イ**　酸化カルシウムに水を加える。　　　　　　　　〔　　　〕
☑　**ウ**　炭酸水素ナトリウムとクエン酸の混合物に水を加える。
　　　　　　　　　　　　　　　　　　　　　　　　　　〔　　　〕
☑　**エ**　木炭が酸素と結びつく。　　　　　　　　　　　〔　　　〕

1 【化学変化と熱】
化学変化と熱の出入りについて，次の問いに答えなさい。

ミス注意 (1) 鉄粉と活性炭の混合物に，食塩水を2～3滴加えてガラス棒でよくかき混ぜると，どのような化学変化が起こるか。次の**ア～エ**から選び，記号で答えよ。

〔　　　　　　〕

　ア　鉄粉と食塩水がゆるやかに反応する。
　イ　鉄粉と活性炭がゆるやかに反応する。
　ウ　活性炭と空気中の酸素がゆるやかに結びつく。
　エ　鉄粉と空気中の酸素がゆるやかに結びつく。

(2) 右の図のように，うすい塩酸にマグネシウムリボンを加えて反応させた。反応後の塩酸の温度は反応前に比べてどうなっているか。次の**ア～ウ**から選び，記号で答えよ。

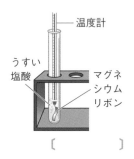

〔　　　　　　〕

　ア　反応前の方が高い。　　イ　反応後の方が高い。
　ウ　変わらない。

(3) (2)の反応では気体が発生した。発生した気体の化学式を書け。

〔　　　　　　〕

2 【化学変化と熱】
右の図は，化学かいろと冷却パックの図である。かいろは中袋をとり出すと発熱し，冷却パックは強くたたくと温度が下がる。これについて，次の問いに答えなさい。

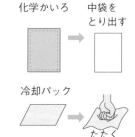

よくでる (1) 化学かいろは，化学変化による何の出入りを利用したものか。

〔　　　　　　〕

(2) 化学かいろの中には，鉄粉などが入っている。かいろが発熱するとき，鉄粉に起きた化学変化を次の**ア～ウ**から選び，記号で答えよ。

〔　　　　　　〕

　ア　分解　　　　　イ　酸化　　　　　ウ　還元

(3) 化学かいろが十分発熱したあと，中に入っていた鉄粉は，おもに何という物質に変化しているか。

〔　　　　　　〕

(4) 冷却パックは，化学変化とは異なり，物質が水にとけるときの熱の出入りを利用している。冷却パックを強くたたくと，中の袋がやぶれて，入っている薬品が袋の中で混ざり合う。このとき，熱を発生するか，吸収するか。

〔　　　　　　〕

3 【化学変化と熱】

熱の出入りについて，次の問いに答えなさい。

よくでる (1)　化学かいろで熱が得られるのは，おもに何という物質の何という化学変化が起こる
ためか。

〔　　　　　　　　　　　　　　　　　　　〕

(2)　窒素だけを入れたペットボトル内に化学かいろを入れると，熱は得られるか。

〔　　　　　　　　　　　〕

(3)　冷却パックは，まわりから熱を吸収して温度を下げるはたらきがあるが，これは硝
酸アンモニウムがどうなるときに温度が下がることを利用したものか。簡単に説明せ
よ。

〔　　　　　　　　　　　　　　　　　　　　　　　　〕

(4)　料理や風呂などに利用されている都市ガスの燃焼は，発熱反応，吸熱反応のどちら
といえるか。　　　　　　　　　　　　　　　　　　〔　　　　　　　　　　〕

思考 (5)　都市ガスのおもな成分はメタンで，化学式は CH_4 である。メタンの燃焼を示した次
の化学反応式の，（　①　），（　②　）にはあてはまる数字，（　⑦　）にはあてはまる
化学式を書いて，式を完成させよ。

①〔　　　　　〕②〔　　　　　〕⑦〔　　　　　〕

$$CH_4 + (　①　) O_2 → (　⑦　) + (　②　) H_2O$$

4 【いろいろな化学変化】

次の化学変化について，あとの問いに答えなさい。

> ア　酸化カルシウムに水を加えて，水酸化カルシウムをつくる。
> イ　鉄と硫黄の混合物を加熱して，硫化鉄をつくる。
> ウ　水酸化バリウムと塩化アンモニウムを混ぜ合わせて，アンモニアをつくる。
> エ　ウを燃やす。

(1)　化学変化のとき，熱を発生するものを，ア～エからすべて選び，記号で答えよ。

〔　　　　　　　　　　　〕

(2)　弁当をあたためるときに用いられているものを，ア～エから1つ選び，記号で答えよ。

〔　　　　　　　　　　　〕

(3)　酸化が起こっているものを，ア～エから選び，記号で答えよ。

〔　　　　　　　　　　　〕

入試レベル問題に挑戦

5 【化学変化の利用】

わたしたちの身のまわりでは，化学変化を利用して生活に役立てているが，日常生活の
中で，化学変化によって出る熱を利用している例を1つあげなさい。

〔　　　　　　　　　　　　　　　　　　　　　　　〕

ヒント

燃焼や酸化を利用しているものには何があるかを考えてみる。

定期テスト予想問題 ①

1 右の図のようにして，炭酸水素ナトリウムを加熱すると，気体が発生した。しばらくして気体の発生がとまったので，_Aガラス管を水からとり出してからガスバーナーの火を消した。このとき，加熱した試験管には固体Bが残り，口付近の内側には液体Cがついていた。次の問いに答えなさい。

【3点×4】

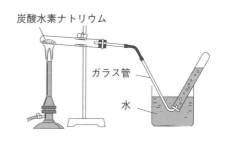

炭酸水素ナトリウム

ガラス管

水

(1) 下線部Aのようにするのはなぜか。その理由を簡潔に書け。

(2) 炭酸水素ナトリウムと固体Bについて，水へのとけやすさと，それらの水溶液にフェノールフタレイン溶液を加えたときの色について調べた。その結果として，正しいものを次のア～エから選び，記号で答えよ。

ア とけやすいのは炭酸水素ナトリウム，水溶液の赤色が濃いのは固体Bである。

イ とけやすいのは固体B，水溶液の赤色が濃いのは炭酸水素ナトリウムである。

ウ とけやすいのも，水溶液の赤色が濃いのも，炭酸水素ナトリウムである。

エ とけやすいのも，水溶液の赤色が濃いのも，固体Bである。

(3) 次の文の①，②の（ ）に適する言葉を入れて，文を完成させよ。

液体Cに青色の塩化コバルト紙をつけると，塩化コバルト紙は（ ① ）色に変化した。このことから，液体Cは（ ② ）であることがわかった。

(1)			
(2)		(3)①	②

2 右の図のように，熱してとかした硫黄の中に銅でできた網を入れたら，銅の網は表面が黒くなり，ぼろぼろになった。次の問いに答えなさい。

【4点×2】

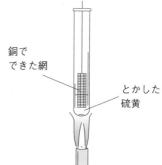

銅でできた網

とかした硫黄

(1) 銅の網の表面にできた黒い物質は何か。

(2) 新しくできた黒い物質について正しく述べたものはどれか。次のア～エから選び，記号で答えよ。

ア 銅が状態変化したものなので，名前はちがうが銅と同じ性質をもっている。

イ 銅と硫黄の化合物なので，銅とも硫黄ともまったく異なる性質をもっている。

ウ 銅と硫黄の化合物から混合物に変化したものである。

エ 銅の性質は残っていないが，硫黄の性質は残っている。

(1)		(2)	

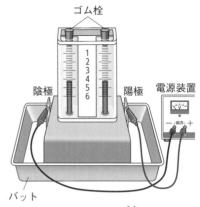

ゴム栓

陰極　1 2 3 4 5 6　陽極　電源装置

バット

3 水に少量の水酸化ナトリウムをとかし，右の図のような簡易型電気分解装置で電気分解を行ったところ，陰極側，陽極側にそれぞれ気体が発生した。次の問いに答えなさい。　【4点×3】

(1) 次のア～エは，電気分解装置の使い方についての説明である。正しい手順に並べ，記号で答えよ。

　ア　電源のスイッチを入れ，電流を流す。

　イ　装置の背面にある穴からうすい水酸化ナトリウム水溶液を注ぎ，装置の前面を水溶液で満たしてから，空気が残らないように装置を立てる。

　ウ　装置の上部の2つの穴にゴム栓をさしこみ，バットの上で装置を前に倒す。

　エ　電極と電源装置を導線でつなぐ。

(2) 陰極側に集まった気体にマッチの火を近づけたところ，ポッと音を立てて燃えた。このときの変化を，化学反応式で表せ。

思考(3) 電気分解を続けると，装置の中の水酸化ナトリウム水溶液の濃度はどうなるか。理由もふくめて簡潔に書け。

(1)	→ 　　　 → 　　　 →	(2)	
(3)			

4 物質の分類や表し方について，次の問いに答えなさい。　【2点×7】

(1) 物質は混合物と純粋な物質に分けられ，さらに純粋な物質は，分子をつくるかつくらないか，単体か化合物かで分けることができる。次の①～③にあてはまる物質を，□□からそれぞれすべて選び，記号で答えよ。

　①　混合物　　　　②　分子をつくる化合物　　　③　分子をつくらない単体

ア　水	イ　炭素	ウ　空気	エ　酸化マグネシウム
オ　塩素	カ　食塩水	キ　二酸化炭素	ク　アルミニウム

(2) 次の①～④のようなモデルで表される物質は何か。それぞれの化学式を書け。

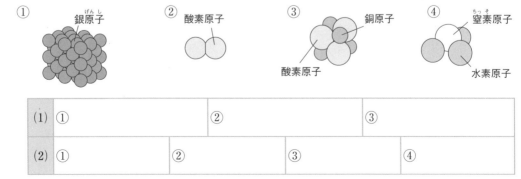

① 銀原子　　② 酸素原子　　③ 銅原子／酸素原子　　④ 窒素原子／水素原子

(1)	①	②	③	
(2)	①	②	③	④

5 図のように，うすい塩酸と炭酸水素ナトリウムを密閉容器に入れ，容器全体の質量をはかったところ，a g だった。次に，容器を傾けてうすい塩酸と炭酸水素ナトリウムを混ぜ合わせ，容器全体の質量をはかると b g だった。さらに，容器のふたをゆるめて容器全体の質量をはかると c g だった。次の問いに答えなさい。　【3点×2】

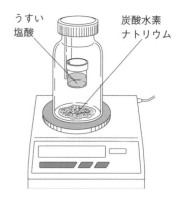

うすい
塩酸

炭酸水素
ナトリウム

(1) うすい塩酸と炭酸水素ナトリウムを混ぜ合わせると気体が発生する。この気体の化学式を書け。

(2) a，b，c の大小関係を正しく式で表したものはどれか。次の**ア**〜**キ**から選び，記号で答えよ。

　ア　$a>b>c$　　　イ　$a<b<c$　　　ウ　$a=b>c$　　　エ　$a=b<c$

　オ　$a>b=c$　　　カ　$a<b=c$　　　キ　$a=b=c$

(1)		(2)	

6 物質は化学変化にともなって，熱を発生したり，吸収したりしている。これについて，次の問いに答えなさい。　【3点×5】

(1) 次の化学変化で熱を発生しているものに○，吸収しているものに△を書け。

　① マグネシウムが激しく酸化する。

　② 水酸化バリウムと塩化アンモニウムを混ぜ合わせたときの反応。

　③ 鉄粉と硫黄の粉末の混合物を加熱したときの反応。

　④ 鉄粉と活性炭の混合物に，食塩水を数滴たらしたときの反応。

(2) 熱を吸収する変化を利用しているのは，**ア**，**イ**のどちらか。

　ア　化学かいろ　　　　　　イ　冷却パック

(1) ①	②	③	④	(2)	

7 鉄などの金属をとり出す方法について，次の問いに答えなさい。　【2点×3】

(1) 自然界に存在している金属資源から，純粋な金属をとり出すにはどのような化学変化を利用しているか。次の**ア**〜**エ**から1つ選び，記号で答えよ。

　ア　酸化　　　　　イ　還元　　　　　ウ　分解　　　　　エ　合成

(2) 地下の金属資源から，純粋な金属をとり出すとき，ふつうどのような物質を加えて加熱しているか。次の**ア**〜**エ**から2つ選び，記号で答えよ。

　ア　窒素　　　　　イ　酸素　　　　　ウ　水素　　　　　エ　炭素

(3) (2)の「加える物質」は，どちらも共通した性質をもっている。それは次の**ア**〜**ウ**のどれか。1つ選び，記号で答えよ。

　ア　酸素と結びつきやすい。　　　　　イ　水素と結びつきやすい。

　ウ　二酸化炭素と結びつきやすい。

(1)		(2)		(3)	

8 図のように，ステンレス皿に銅粉をうすく広げ，空気中で加熱して銅と酸素を完全に反応させた。反応する前後での質量の変化を調べると，表のような結果になった。次の問いに答えなさい。 [3点×7]

ステンレス皿
銅粉

(1) 銅粉をうすく広げたのはなぜか。その理由を次のア～エから選び，記号で答えよ。
　ア　発生した熱を空気中に逃がすため。
　イ　発生した気体を空気中に逃がすため。
　ウ　銅が分解するのを防ぐため。
　エ　銅粉と空気をふれやすくするため。

銅の質量〔g〕	0.40	0.80	1.20	1.60
酸化銅の質量〔g〕	0.50	1.00	1.50	2.00

(2) 銅粉を加熱したときのようすを正しく説明したものはどれか。次のア～エから選び，記号で答えよ。
　ア　光は出さず，白っぽい物質に変化した。
　イ　光は出さず，黒っぽい物質に変化した。
　ウ　光を出して，白っぽい物質に変化した。
　エ　光を出して，黒っぽい物質に変化した。

(3) 銅粉 20.0 g を完全に酸素と反応させた場合，酸化銅は何 g できるか。結果の表をもとに計算せよ。

(4) 銅と酸素が結びついて酸化銅ができるときの化学変化を，化学反応式で表せ。

(5) 結果の表をもとに，銅の質量と銅と結びついた酸素の質量との関係を表すグラフをかけ。

(6) 銅原子1個の質量と，酸素原子1個の質量の比を，最も簡単な整数で表せ。

 (7) 銅粉 3.0 g を加熱すると，加熱後の物質の質量は 3.3 g であった。このとき，銅の質量の何％が酸素と反応したか。

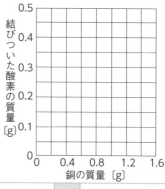

結びついた酸素の質量〔g〕
銅の質量〔g〕

(1)		(2)		(3)	
(4)					
(5)	右のグラフ	(6)	銅：酸素 ＝　　　　：		(7)

9 化学式の前に必要な数字を足して，次の化学反応式を完成させなさい。 [2点×3]

(1) Mg ＋ O₂ ⟶ MgO
(2) H₂ ＋ O₂ ⟶ H₂O
(3) CuO ＋ C ⟶ Cu ＋ CO₂

(1)		(2)	
(3)			

1 生物のからだをつくる細胞

リンク
ニューコース参考書
中2理科
p.90〜100

攻略のコツ 植物の細胞だけに見られる細胞壁，液胞，葉緑体をつかむ。

テストに出る! 重要ポイント

● **細胞**

❶ **細胞**…生物のからだをつくる最小の単位。

❷ **核**…生命活動の中心で，ふつう，１つの細胞に１つある。

❸ **細胞のつくり**…核，**細胞膜**⇨動物・植物の細胞に共通。
細胞壁，液胞，葉緑体⇨植物の細胞だけに見られる。

❹ **細胞質**…核を除く，細胞膜とその内側の部分。

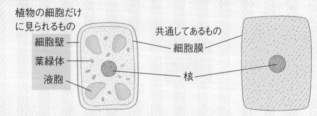

● **細胞の呼吸**

● **細胞の呼吸**…細胞が酸素と栄養分をとり入れ，生きるためのエネルギーをとり出すはたらき。(➡ p.54)

● **単細胞生物と
多細胞生物**

❶ **単細胞生物**…からだが１つの細胞だけでできている生物。

❷ **多細胞生物**…からだが多くの細胞からできている生物。
組織(形やはたらきが同じ細胞の集まり)→**器官**(組織の集まり)→**個体**

Step 1 基礎力チェック問題

解答 別冊p.8

1 次の〔　〕にあてはまるものを選ぶか，あてはまる言葉を書きなさい。

☑ (1) 生物のからだをつくる最小の単位を〔　　　　　〕という。

☑ (2) 染色液によく染まる細胞のつくりは〔　　　　　〕である。

☑ (3) 植物の細胞と動物の細胞に共通してあるものは，核，
〔　細胞膜　液胞　細胞壁　葉緑体　〕である。

☑ (4) 植物の細胞にあって，栄養分をつくる緑色の粒の部分を
〔　　　　　〕という。

☑ (5) からだが多くの細胞からできている生物を〔　　　　　〕という。

☑ (6) いくつかの種類の組織が集まってまとまった形になり，特定のはたらきをするところを〔　　　　　〕という。

得点アップアドバイス

1

 細胞のつくりのはたらき

●**細胞膜**…細胞全体を包み，外界から守る。

●**細胞壁**…細胞の形を維持し，からだを支える。

●**液胞**…細胞内の水分量を調節する。また，不要物がためられる。

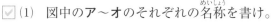

2 【細胞のつくり】

次の図は，ある植物の葉の細胞を顕微鏡で観察し，スケッチしたものである。これについて，次の問いに答えなさい。

- (1) 図中のア〜オのそれぞれの名称を書け。

  ア 〔　　　　　　　　　〕
  イ 〔　　　　　　　　　〕
  ウ 〔　　　　　　　　　〕
  エ 〔　　　　　　　　　〕
  オ 〔　　　　　　　　　〕

- (2) 図中のア〜オのうちで，染色液で最もよく染まる部分はどこか。1つ選び，記号で答えよ。〔　　　　　〕

- (3) (2)の染色液とは何か。次のア〜エから2つ選び，記号で答えよ。〔　　　　　　〕

  ア ヨウ素液　　　　　イ 酢酸オルセイン液
  ウ 酢酸カーミン液　　エ フェノールフタレイン溶液

- (4) 図中のア〜オのうちで，動物の細胞には見られない部分はどれか。3つ選び，記号で答えよ。〔　　　　　　　〕

3 【水中の小さな生物】

池の水を顕微鏡で観察したときに見つけた下の図の生物について，あとの問いに答えなさい。

A 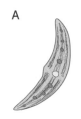　B 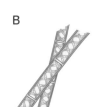　C 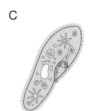　D

- (1) A〜Dの生物の名称を書け。

  A 〔　　　　　　　〕　B 〔　　　　　　　〕
  C 〔　　　　　　　〕　D 〔　　　　　　　〕

- (2) からだが1つの細胞でできている生物を何というか。
  〔　　　　　　　　〕

- (3) A〜Dのうち，(2)はどれか。2つ選び，記号で答えよ。
  〔　　　　　　　　〕

- (4) (2)のような生物のからだの特徴としてあてはまるものは次のア，イのどちらか。〔　　　　　　〕

  ア 組織や器官からなる。
  イ 1つの細胞でさまざまなはたらきをする。

得点アップアドバイス

2
動物の細胞と共通しているものと，植物の細胞にだけ見られるものがあるよ。

(3) 染色液を使うと，観察しやすくなる。

3
Cはゾウリのような形をしているね。

復習 水中の小さな生物

水中の小さな生物には，動くなかま（C，D）や緑色をしているなかま（A，B）がいる。

1 【顕微鏡の使い方】
　顕微鏡の使い方について，次の問いに答えなさい。

✓よくでる (1) 顕微鏡の使い方について正しいものを次のア～エから２つ選び，記号で答えよ。ただし，顕微鏡の視野は上下左右が逆になっているものとする。〔　　　　　　〕
　　ア　反射鏡を調節し，視野に直射日光が入るようにする。
　　イ　視野の左の方に見えるものを中央にくるようにするには，プレパラートを左に移動させればよい。
　　ウ　はじめは高倍率で観察する。
　　エ　対物レンズを高倍率に変えると，対物レンズとプレパラートの距離が近くなる。

ミス注意 (2) 顕微鏡の倍率を低倍率から高倍率に変えた。
　　① 見える範囲はどうなるか。　　　　　　　　　　〔　　　　　　　　〕
　　② 視野の明るさはどうなるか。　　　　　　　　　〔　　　　　　　　〕

(3) プレパラートをつくるときのカバーガラス A のかぶせ方として適切なものを，次のア～ウから１つ選び，記号で答えよ。　　　　　　　　　　〔　　　　　　〕

　　ア　Aを水平にかぶせる。　　イ　Aをななめにした状態から落としてかぶせる。　　ウ　Aの端を水にふれさせてゆっくりかぶせる。

2 【細胞のつくり】
　右の図は，植物の細胞のつくりを模式的に示したものである。これについて，次の問いに答えなさい。

(1) 図中のイは植物の細胞にある小さな緑色の粒である。この粒の名称を書け。

　　　　　　　　　　〔　　　　　　　　〕

✓よくでる (2) 図中のウは，ふつう１個の細胞に１個ある。ウの名称を書け。

　　　　　　　　　　〔　　　　　　　　〕

(3) 図の細胞の各部分で，ふつう動物の細胞には見られないものを，ア～オから３つ選び，記号で答えよ。また，選んだ部分の名称をそれぞれ答えよ。

　　　　　記号〔　　　〕名称〔　　　　　　〕

　　　　　記号〔　　　〕名称〔　　　　　　〕

　　　　　記号〔　　　〕名称〔　　　　　　〕

3 【植物の細胞と動物の細胞】

右の図は，植物の細胞と動物の細胞を模式的に示したものである。これについて，次の問いに答えなさい。

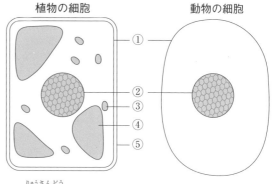

植物の細胞　　　　　　　　動物の細胞

(1) 顕微鏡で観察するとき，図の②の部分を染色するために使われる液体は何か。次の**ア**〜**エ**から1つ選び，記号で答えよ。　〔　　　　　〕

ア　ＢＴＢ溶液

イ　硫酸銅水溶液

ウ　アンモニア水

エ　酢酸オルセイン液

✓よくでる(2) 植物の細胞と動物の細胞に共通して見られる①，②の名称を答えよ。

①〔　　　　　　　　　　〕　②〔　　　　　　　　　　〕

(3) ①〜⑤のうちで，栄養分をつくっているのはどこか。1つ選び，番号で答えよ。

〔　　　　　　　　　〕

(4) 細胞が酸素を使って栄養分を分解し，生きるためのエネルギーをとり出すはたらきを何というか。　〔　　　　　　　　　〕

入試レベル問題に挑戦

4 【細胞の観察】

次の図は，オオカナダモの葉，タマネギの表皮，ヒトのほおの内側の粘膜の細胞を染色し，顕微鏡で観察してスケッチしたものである。これについて，あとの問いに答えなさい。

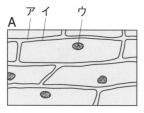
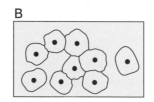
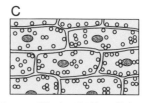

(1) ヒトのほおの内側の粘膜の細胞はどれか，**A**〜**C**から1つ選び，記号で答えよ。

〔　　　　　　　　　〕

(2) (1)のように判断した理由を簡潔に書け。

〔　　　　　　　　　〕

(3) タマネギの表皮の細胞はどれか。**A**〜**C**から1つ選び，記号で答えよ。

〔　　　　　　　　　〕

思考(4) (3)のように判断した理由を，オオカナダモの葉の細胞とのつくりのちがいをもとに，簡潔に書け。　〔　　　　　　　　　〕

(5) **A**のスケッチで，植物の細胞，動物の細胞に共通して見られるつくりはどれか，**ア**〜**ウ**からすべて選び，記号で答えよ。　〔　　　　　　　　　〕

> **ヒント**
>
> (3)(4) タマネギの表皮の細胞は，栄養分をつくることができない。

2 光合成と呼吸

攻略のコツ 光合成をするための条件は，光，葉緑体，二酸化炭素。

テストに出る！ **重要ポイント**

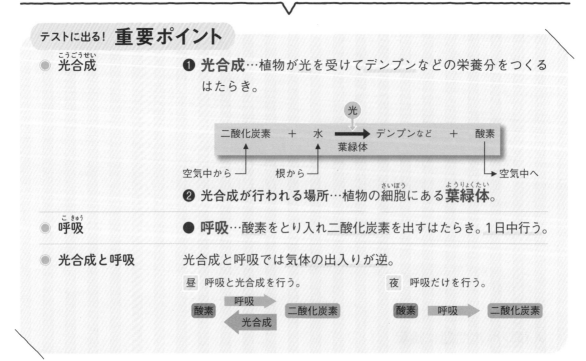

● **光合成**
❶ **光合成**…植物が光を受けてデンプンなどの栄養分をつくるはたらき。

光
二酸化炭素 ＋ 水 ━━➤ デンプンなど ＋ 酸素
葉緑体
空気中から→　←根から　　　　　　　　　　→空気中へ

❷ **光合成が行われる場所**…植物の細胞にある**葉緑体**。

● **呼吸**
● **呼吸**…酸素をとり入れ二酸化炭素を出すはたらき。1日中行う。

● **光合成と呼吸**
光合成と呼吸では気体の出入りが逆。

昼 呼吸と光合成を行う。　　　　　　　夜 呼吸だけを行う。

酸素　呼吸→　二酸化炭素　　　　酸素　呼吸→　二酸化炭素
←光合成

Step 1　基礎力チェック問題

解答▶ 別冊p.8

1 次の〔　　　〕にあてはまるものを選ぶか，あてはまる言葉を書きなさい。

☑(1) 植物が光を受けて，デンプンなどをつくるはたらきを〔　　　〕という。

☑(2) 光合成によってデンプンをつくるには，原料として〔　　　〕と〔　　　　　〕が必要である。

☑(3) 光合成でデンプンがつくられるとき，同時に〔　　　　〕もできる。

☑(4) 光合成は，〔　　　　〕のエネルギーを使って行われる。

☑(5) 光合成は，葉の細胞の中の緑色の小さな粒である〔　　　　〕で行われる。

☑(6) 植物が酸素をとり入れ，二酸化炭素を出すはたらきを〔　　　〕という。

☑(7) 呼吸を行うのは，〔 昼　　夜　　1日中 〕である。

☑(8) 光合成を行うのは，〔 昼　　夜　　1日中 〕である。

☑(9) 昼間は，全体として〔 二酸化炭素　　酸素 〕が多く出される。

得点アップアドバイス

1

(6) 植物も動物と同じように行う。
(8) 光合成は，光が当たると行われる。
(9) 昼間は，光合成と呼吸が同時に行われているが，光合成の方がさかんである。

2 【光合成】

右の図は，光合成の
しくみを模式的に表
したものである。次
の問いに答えなさい。

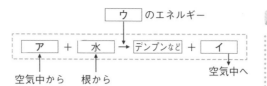

☑ (1) 図中のア～ウにあてはまる言葉を書け。

ア〔　　　　　〕 イ〔　　　　　〕 ウ〔　　　　　〕

☑ (2) 図中の□□で囲まれたはたらきは，葉の細胞にある何という部分で
行われるか。　　　　　　　　　　　　　　　　〔　　　　　　　〕

(2) 光合成は，葉の細胞
の中の緑色の粒で行われ
る。

3 【光合成が行われる場所】

次の実験について，あとの問い
に答えなさい。

①オオカナダモの葉でプレパ
ラートをつくり，顕微鏡で観
察してスケッチした。

②別のオオカナダモに光を数時
間当ててから，葉を1枚とっ
て熱湯にひたし，ヨウ素液を加えてプ
レパラートをつくった。顕微鏡で観察
すると，青紫色になっている部分が
あった。

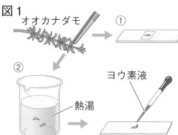

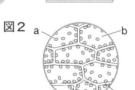

確認 **葉を熱湯に
ひたす理由**
細胞壁をこわして，ヨウ
素液が細胞内に入りやす
くするため。

☑ (1) 図2は，実験①のスケッチである。aは緑色の粒であった。これを何
というか。　　　　　　　　　　　　　　　　〔　　　　　　　〕

☑ (2) 実験②では，図2のa～cのどの部分の色が変わったか。記号で答
えよ。　　　　　　　　　　　　　　　　　　〔　　　　　　　〕

(2) 青紫色に変化した部
分にはデンプンができて
いる。

4 【光合成と呼吸の実験】

二酸化炭素を十分にふきこんだ水
を3本の試験管に入れ，ア，イに
は水草を入れ，イはアルミニウム
はくでおおった。また，ウには水
草を入れなかった。3本の試験管
に光を当てて実験をした。次の問
いに答えなさい。

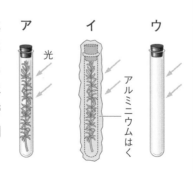

☑ (1) ア～ウの試験管の水を少量ずつとって，石灰水を入れた。白くにご
らなかったのはどの試験管か。記号で答えよ。　〔　　　　　　　〕

☑ (2) アとイの両方で行われている植物のはたらきは何か。〔　　　　　〕

(1) 石灰水は二酸化炭素
があると白くにごる。

(2) 光が当たっているか
どうかにかかわらず行わ
れるはたらきである。

1 【光合成の実験】
右の図1のようにして，アサガオの葉に日光を当て，その葉を図2のようにして脱色（だっしょく）してから，図3のようにしてデンプンがあるかどうかを確かめた。次の問いに答えなさい。

図1

クリップ

アルミニウムはく

✓よくでる (1) 図1の実験を行う前日は，アサガオの葉全体をアルミニウムはくでおおって日光が当たらないようにする。これはなぜか。　　　　〔　　　　　　　　　〕

(2) 図2で，直接エタノールを加熱しないのはなぜか。
　　　　　　　　〔　　　　　　　　　　〕

図2

エタノール

熱湯

(3) 図3で，デンプンができたかどうかを調べる薬品Aは何か。　　　　　　　　　　〔　　　　　　　〕

図3

Ａ

ミス注意 (4) ふ入りのアサガオの葉を使って実験すると結果はどうなるか。次のア～エの図から選びなさい。　　〔　　　　　〕

はじめの葉

ふ

アルミニウムはく

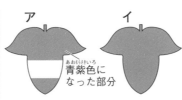

ア

イ

青紫色（あおむらさきいろ）になった部分

ウ

エ

2 【植物のはたらき】
ポリエチレンの袋（ふくろ）の中に，発芽中の種子を入れて密閉し，約2時間暗い場所に置いたあと，袋の中の気体を石灰水（せっかいすい）に通したところ，石灰水は白くにごった。次の問いに答えなさい。

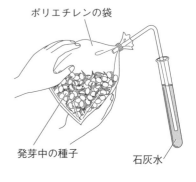

ポリエチレンの袋

発芽中の種子

石灰水

(1) 石灰水が白くにごったのは，ポリエチレンの袋の中に何という気体があったからか。
　　　　　　　　　〔　　　　　　　〕

(2) (1)の気体が発生したのは，発芽中の種子が何というはたらきをしていたからか。　〔　　　　　　〕

思考 (3) (1)の気体が発芽中の種子から出ていたことを確かめるために，別の袋を用意して比べたい。次のア～エのどれと比べればよいか。1つ選び，記号で答えよ。
　　　　　　　　　　　　　　　　　〔　　　　　〕

ア　ポリエチレンの袋に発芽中の種子と植物の葉を入れて暗い場所に置いたもの。
イ　ポリエチレンの袋に発芽中の種子を入れて明るい場所に置いたもの。
ウ　ポリエチレンの袋に何も入れないで暗い場所に置いたもの。
エ　ポリエチレンの袋に発芽中の種子と植物の葉を入れて明るい場所に置いたもの。

3 【光合成と呼吸の実験】

右の図のように，息をふきこんで緑色にしたBTB溶液を
A～Cの3本の試験管に入れた。次に，AとBにオオカナダモを入れ，Bをアルミニウムはくでおおった。数時間光を当てると，Aでは液の色が青色に変化し，オオカナダモの切り口からは気泡（泡）が出てきた。また，Bでは液の色が変化していたが，Cでは液の色に変化はなかった。次の問いに答えなさい。

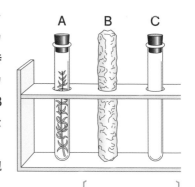

(1) Aの試験管で，オオカナダモの切り口から出た気泡に空気中よりも多くふくまれる気体は何か。〔　　　　　　〕

(2) Aの液では，二酸化炭素の量と酸素の量はどのように変化したか。次のア～エから1つ選び，記号で答えよ。〔　　　〕

　ア　二酸化炭素が減少し，酸素は増加した。
　イ　二酸化炭素が減少し，酸素も減少した。
　ウ　二酸化炭素が増加し，酸素も増加した。
　エ　二酸化炭素が増加し，酸素は減少した。

(3) (2)のようになった理由を述べた次の文で，X，Yにあてはまる言葉を書け。

X〔　　　　　　〕　Y〔　　　　　　〕

　　Aの試験管で，オオカナダモは（　X　）と（　Y　）を行っていたが，（　Y　）の方がさかんに行われていたため。

(4) Bの液は何色に変化したか。次のア～エから1つ選び，記号で答えよ。〔　　　〕
　ア　黄色　　イ　青色　　ウ　赤色　　エ　無色

思考(5) Bの液の色が(4)のように変化した理由を，オオカナダモのはたらきとそのはたらきに関係する気体，液の性質にふれて書け。

〔　　　　　　　　　　　　　　　　　　　　　　　　　　　　　〕

入試レベル問題に挑戦

4 【光合成と葉のつき方】

身近に見られる植物について次の観察を行った。あとの問いに答えなさい。

〈観察〉アジサイの葉を真上から観察したところ，写真のように，葉がたがいに重なり合わないようについていた。

〈問い〉下線部のような葉のつき方は，アジサイが光合成を行うとき，どのような点でつごうがよいか。簡潔に書け。

〔　　　　　　　　　　　　　　　　　　　　　〕

© コーベット

💡 **ヒント**

植物は光合成によって，栄養分をつくり出して生命活動のエネルギーとしているので，光合成をさかんに行うほど，生きていくのに有利になる。

3 植物の水の通り道と蒸散

リンク
ニューコース参考書
中2理科
p.114〜124

攻略のコツ 道管・師管の位置と通る物質をつかみ，気孔と蒸散量の関係をおさえる。

テストに出る！ **重要ポイント**

● **根のつくりと
はたらき**

● **根毛**…根の先端近くに生えていて，土中から水や水にとけた
養分を吸収する。

● **茎のつくりと
はたらき**

❶ **道管**…根から吸収した水や水にとけた養分が通る管。

❷ **師管**…葉でつくられた栄養分が通る管。

❸ **維管束**…道管と師管が集まって束のようになったもの。

❹ **維管束の並び方**…双子葉類で
は輪のように（輪状に）並んで
いて，単子葉類では散らばって
いる。

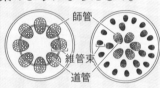

● **葉のつくりと
はたらき**

❶ **蒸散**…植物体内の水が水蒸気
となって体外に放出される現
象。

❷ **気孔**…三日月形の**孔辺細胞**
に囲まれた穴（すきま）。光合
成や呼吸での酸素・二酸化炭素
の出入り口，蒸散での水蒸気の
出口となる。ふつう，葉の裏側に多い。

↓葉の断面図

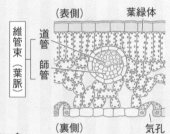

Step 1   基礎力チェック問題

解答 ▶ 別冊p.9

1 次の〔　　　　〕にあてはまるものを選ぶか，あてはまる言葉を書
きなさい。

☑ (1)　茎で，根から吸収した水や養分が通る管を〔　　　　　　〕という。

☑ (2)　茎で，葉でできた栄養分が通る管を〔　　　　　〕という。

☑ (3)　茎の維管束は，双子葉類では〔　散らばっている　輪状に並んでいる　〕。

☑ (4)　茎の維管束は，単子葉類では〔　散らばっている
輪状に並んでいる　〕。

☑ (5)　図のＡの穴（すきま）を〔　　　　　〕といい，Ａか
ら水蒸気が出ていく現象を〔　　　　　〕という。

☑ (6)　Ａからは，水蒸気のほかに〔　　　　　〕や
〔　　　　　　　　〕が出入りしている。

Ａ
葉の表皮に
見られるつくり

得点アップアドバイス

1 ....

(1)(2)　道管は茎の維管束
の内側，師管は維管束の
外側に分布している。

(3)　双子葉類は子葉が2
枚で根は主根と側根，葉
脈は網状脈である。

(4)　単子葉類は子葉が1
枚で根はひげ根，葉脈は
平行脈である。

(6)　光合成と呼吸では，
出る気体ととり入れる気
体が逆になっている。

2 【茎のつくり】

右の図は，2種類の植物の茎の横断面を模式的に表したものである。次の問いに答えなさい。

☑ (1) 茎のつくりがAのようになっている植物のなかまを何類というか。名称を答えよ。〔　　　　　〕

☑ (2) ユリの茎の断面はA，Bのどちらか。〔　　　　　〕

3 【茎のつくりとはたらき】

右の図は，ホウセンカの茎の横断面の模式図である。次の問いに答えなさい。

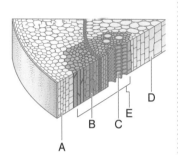

☑ (1) 根から吸収された物質の通り道となるのは，図中のA〜Dのどの部分か。1つ選び，記号で答えよ。また，その部分を何というか。名称を答えよ。

記号〔　　　〕　名称〔　　　　　　〕

☑ (2) 葉でつくられた栄養分の通り道となるのは，図中のA〜Dのどの部分か。1つ選び，記号で答えよ。また，その部分を何というか。名称を答えよ。　記号〔　　　〕　名称〔　　　　　　〕

☑ (3) 図中のB，CをまとめたEの部分を何というか，名称を答えよ。

〔　　　　　　　　〕

☑ (4) ホウセンカと茎のつくりが似ているのは次のア〜エのどれか。1つ選び，記号で答えよ。　　　　　　　〔　　　　〕

ア　ヒマワリ　　イ　トウモロコシ　　ウ　ススキ　　エ　ツユクサ

4 【葉のつくり】

右の図は，ある植物の葉の断面を模式的に示している。次の問いに答えなさい。

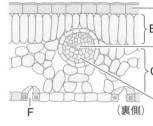

☑ (1) 葉緑体がふくまれるのは，A〜Cのどの部分か。すべて選び，記号で答えよ。

〔　　　　　　　〕

☑ (2) 根からとり入れた水が通る部分はA〜Eのどこか。1つ選び，記号で答えよ。また，その名称を答えよ。

記号〔　　　〕　名称〔　　　　　　〕

☑ (3) 葉でできた栄養分が通る管はA〜Eのどこか。〔　　　　〕

☑ (4) Fは三日月形の細胞に囲まれた穴（すきま）である。名称を答えよ。

〔　　　　　　　　〕

1 【根のつくり】
右の図は，ある植物の根の断面を模式的に示している。次の問いに答えなさい。

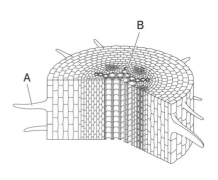

✓よくでる (1) 植物の根の先端近くにあって，土の粒の間などに入りこんでいく，細い毛のようなAを何というか。名称を答えよ。　〔　　　　　〕

(2) Aが土の中からとり入れるものは，おもに土の中の養分と何か。物質名を答えよ。

〔　　　　　〕

(3) Bは，Aからとり入れたものが移動する管である。Bの部分を何というか。名称を答えよ。　〔　　　　　〕

2 【茎のつくり】
右の図は，ある植物の茎をうすく輪切りにしたものを顕微鏡で観察し，そのつくりを模式的に示したものである。次に，葉のついた茎を赤インクをとかした水にしばらくつけたあと，茎をうすく輪切りにして顕微鏡で観察したところ，赤く染まっている部分が見えた。次の問いに答えなさい。

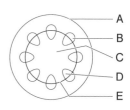

(1) 図の茎の断面のようすから，観察した植物として適切なのはどれか。次のア〜エから1つ選び，記号で答えよ。　〔　　　　　〕

　ア　トウモロコシ　　イ　ホウセンカ　　ウ　ススキ　　エ　アヤメ

ミス注意 (2) 輪切りにした茎で，最も赤く染まった部分はどこか。図のA〜Eから1つ選び，記号で答えよ。　〔　　　　　〕

3 【葉のつくりとはたらき】
右の図のように，ムラサキツユクサの葉の表側と裏側に青色の塩化コバルト紙をビニルテープではりつけた。塩化コバルト紙の色の変化を観察したところ，色が変化するのにかかった時間は表側と裏側でちがっていた。次の問いに答えなさい。

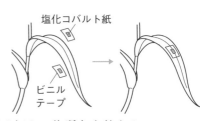

(1) 塩化コバルト紙の色が変化した原因となった物質は何か。物質名を答えよ。

〔　　　　　〕

(2) 塩化コバルト紙は何色に変化したか。次のア〜エから1つ選び，記号で答えよ。

　ア　青紫色　　　　イ　赤（桃）色　　　〔　　　　　〕
　ウ　黄色　　　　　エ　緑色

思考 (3) 塩化コバルト紙の色が変化するのにかかった時間は葉の裏側の方が短かった。それはなぜだと考えられるか。〔　　　　　　　　　　　　　　　　　　　　　　　　　　　〕

④ 【葉のつくりとはたらき】

図1のA〜Cは，同じ植物を用いて植物のからだから水が出ていくことを調べるための実験を示している。なお，A〜Cには，ほぼ同じ大きさで同じ枚数の葉をつけた枝が試験管にさしてある。また，図2は，植物の葉の断面を顕微鏡で観察したときのようすを模式的に示したものである。あとの問いに答えなさい。

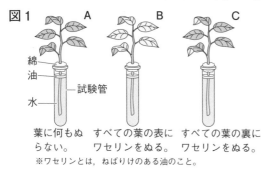

図1

綿
油
水
試験管

葉に何もぬ
らない。

すべての葉の表に
ワセリンをぬる。

すべての葉の裏に
ワセリンをぬる。

※ワセリンとは，ねばりけのある油のこと。

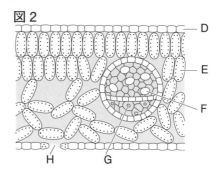

図2

D
E
F
H
G

ミス注意 (1) 図1の実験で，一定時間後の試験管内の水の減り方が多い方から，A〜Cの記号を並べよ。　〔　　→　　→　　〕

(2) 図2で，図1の実験と最も関係のある部分をD〜Hから1つ選び，その記号と名称を答えよ。　記号〔　　〕　名称〔　　　　〕

✔よくでる (3) 図2で，水の通る管をD〜Hから1つ選んで，記号で答えよ。　〔　　〕

(4) 図3は，図1のAからとった葉の表皮を顕微鏡で観察したときの模式図である。(1)の結果になるのは，図3のXが，葉の表，裏のどちらに多くあるからか。　〔　　　　〕

図3

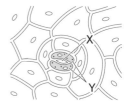

X
Y

(5) 図3のXの部分からは，植物のからだの中の水が水蒸気となって空気中に放出される。このような現象を何というか。　〔　　　　〕

(6) 図2のEや図3のYの部分には，緑色の粒が見られた。この緑色の粒を何というか。　〔　　　　〕

入試レベル問題に挑戦

⑤ 【茎のつくり】

アブラナの茎の横断面に図1のような維管束が8個あったとする。道管と師管の位置関係に注意して，8個の維管束の配置を，図2にかきなさい。

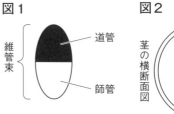

図1

維管束

道管

師管

図2

茎の横断面図

💡 ヒント

維管束は，輪のように並ぶものと全体に散らばっているものがある。また，どちらも道管は茎の内側にある。

定期テスト予想問題 ②

時間 50分
解答 別冊p.10

得点 ／100

---

1 図1のような顕微鏡の使い方について，次の問いに答えなさい。 【3点×5】

(1) 図1のAとBの部分の名称を答えよ。

(2) 次のア〜エは，顕微鏡の観察手順を示したものである。
ア〜エの記号を正しい順に並べて書け。

ア Aにプレパラートをのせ，クリップでとめる。

イ 接眼レンズをのぞきながらBを調節し，視野を一様
に明るくする。

ウ 接眼レンズをのぞきながら，Aを下げていき，ピント
を合わせる。

エ 横から見ながら，Aを対物レンズの近くまで
上げる。

(3) 観察するためのプレパラートをつくるとき，カ
バーガラスは図2のようにかぶせる。このように
かぶせるのはなぜか。理由を簡潔に答えよ。

(4) 接眼レンズは10倍，対物レンズは40倍のもの
を使ったときの顕微鏡の倍率は何倍か。

図1

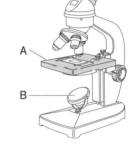

図2

カバーガラス
水

カバーガラスを端の方から
ゆっくりかぶせる。

(1)	A		B		(2)		→	→	→
(3)					(4)				

---

2 タマネギの表皮の細胞でプレパラートをつくり，顕微鏡で観
察した。次に，同じタマネギの表皮の細胞を酢酸オルセイン
液で染色してから顕微鏡で観察した。右の図1，2は，観察し
た染色前後の細胞のようすをスケッチしたものである。次の
問いに答えなさい。 【3点×3】

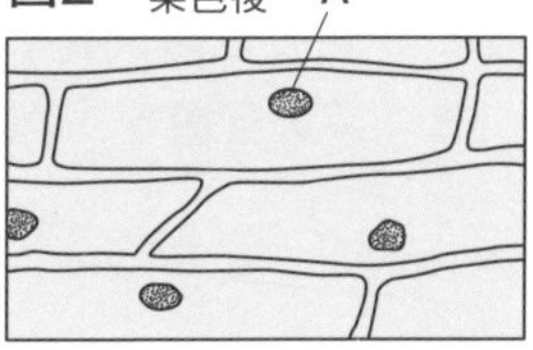

(1) 染色後の細胞に見られたAのつくりの名称を書け。

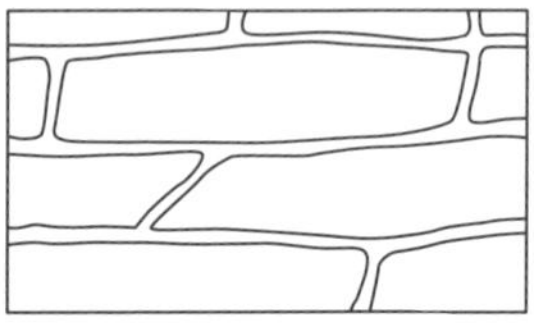

(2) 染色前後の細胞から，細胞のしきりが厚いことがわかる。
この部分はどのような役割を行っているか。簡単に書け。

(3) 次に，オオカナダモの葉についても同様にプレパラート
をつくって顕微鏡で観察した。このとき，オオカナダモの
葉の細胞にあって，タマネギの表皮の細胞にはないつくりを，次のア〜エから1つ選び，
記号で答えよ。

ア 細胞質 イ 細胞膜 ウ 葉緑体 エ 液胞

図1 染色前

図2 染色後 A

(1)		(2)		(3)	

3 生物のからだのつくりと細胞について、次の問いに答えなさい。　【3点×5】

(1) からだが多くの細胞からできている生物を何というか。その名称を書け。

(2) (1)の生物のからだの成り立ちを示した次の文の、　①　，　②　にあてはまる言葉を書け。

　　同じ形とはたらきをもつ多数の細胞の集まりを　①　といい、いくつかの　①　が集まって決まった形とはたらきをもつ　②　をつくっている。そして、さまざまな　②　が集まってヒトやヒマワリといった個体がつくられている。

(3) 植物の細胞だけに見られるつくりを、次のア～オからすべて選び、記号で答えよ。
　　ア　細胞壁　イ　細胞膜　ウ　葉緑体　エ　核　オ　液胞

(4) 植物の細胞で光合成が行われる部分を、(3)のア～オから1つ選び、記号で答えよ。

(1)		(2) ①		②		(3)		(4)	

4 光合成について調べるために、ふ入りのゼラニウムの葉を用いて、次の実験を行った。この実験について、あとの問いに答えなさい。　【4点×3】

〈実験〉① はじめに鉢植えのゼラニウムを暗室に一昼夜置いた。

② ふ入りの葉を、図1のようにアルミニウムはくで一部をおおい、葉全体に十分光を当ててから切りとった。

③ 葉からアルミニウムはくをはずし、図2のように、80℃の湯に1分間つけたあと、エタノールに入れて15分間あたためた。

④ さらに、その葉を水ですすいだあと、ヨウ素液をたらすと図3のように　　で示した部分が青紫色になった。

図1

ふの部分　アルミニウムはく

図2

80℃の湯　エタノール　湯　水　ヨウ素液

図3

A　ふの部分
B　C　D

(1) 実験③で、葉をエタノールに入れたのはなぜか。理由を簡単に書け。

思考 (2) 光合成に光が必要であることは、図3に示した葉の部分A～Dのうち、どれとどれを比較すればわかるか。適切なものを選び、記号で答えよ。

(3) 図3で示した葉の部分Dは、青紫色にならなかった。その理由として適切なものを次のア～エから1つ選び、記号で答えよ。
　　ア　光合成には二酸化炭素が必要だから。　　イ　光合成には水が必要だから。
　　ウ　光合成には葉緑体が関係するから。　　エ　光合成では酸素ができるから。

(1)		(2)	と	(3)	

47

5 図1は，ある植物の葉で行われる光合成（こうごうせい）のようすを模式的に示したものである。次の問いに答えなさい。

【3点×6】

(1) 図1の　A　，　B　のそれぞれにあてはまる気体の名称（めいしょう）を答えよ。

(2) (1)のAやBの気体は，図1のCから出入りしている。Cを何というか。

(3) 根から吸い上げられた水の一部は，Cから水蒸気となって大気中に放出される。この現象を何というか。

(4) 光合成によってつくられたデンプンは，どのようにしてからだの各部分に運ばれるか。次のア〜エから1つ選び，記号で答えよ。

ア　デンプンのまま，師管（しかん）を通ってからだの各部分へ運ばれる。

イ　デンプンのまま，道管（どうかん）を通ってからだの各部分へ運ばれる。

ウ　水にとけやすい物質に変えられて，師管を通ってからだの各部分へ運ばれる。

エ　水にとけやすい物質に変えられて，道管を通ってからだの各部分へ運ばれる。

(5) 図2は，茎（くき）の断面を示している。この植物がヒマワリの場合，デンプンが(4)のようにして運ばれる通り道は，図2のどれにあたるか。a〜dから1つ選び，記号で答えよ。

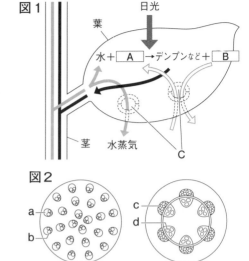

(1)	A		B		(2)	
		(3)		(4)		(5)

6 植物のからだのつくりとはたらきを調べるため，次の実験を行った。あとの問いに答えなさい。

【3点×5，(3)(5)完答】

〈実験〉ある種子植物を土からほり上げ，根の先端（せんたん）部分を双眼実体顕微鏡（そうがんじったいけんびきょう）で観察した。図1は，拡大した根の先端部分を示したものである。次に，その植物を図2のように食紅（べに）で着色した水にさしておいた。しばらくしてから茎と葉をうすく切り，その断面を顕微鏡で観察すると赤く染（そ）まった部分が見られた。図3は茎のつくり，図4は葉のつくりをそれぞれスケッチしたものである。

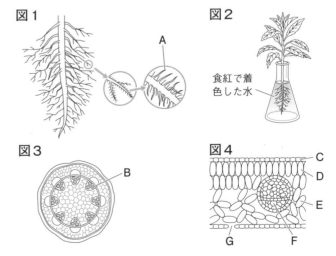

(1) 図1のAは，根の先端近くに生えていた。Aを何というか。

(2) 茎の断面が図3のようなつくりになっている植物にはどのようなものがあるか。次のア〜ウから1つ選び，記号で答えよ。

ア　イネ　　イ　アブラナ　　ウ　エノコログサ

(3) 図3のBの部分が赤く染まっていた。このことから，Bにはどんな物質が通ると考えられるか。次のア〜ウから1つ選び，記号で答えよ。また，Bの名称を答えよ。

ア　葉でできたデンプン

イ　葉の裏側の穴（すきま）からとり入れた気体

ウ　根で吸収された水や養分

(4) 葉まで運ばれた水の多くは，図4のGから放出される。Gを何というか。名称を答えよ。

(5) 図4で葉緑体をふくむのはどこか。C〜Fから2つ選び，記号で答えよ。

(1)		(2)		(3) 記号	名称	
			(4)			(5)

7 次の実験について，あとの問いに答えなさい。　　　　　　　　　【4点×4】

〈実験〉葉の数や大きさなどの条件をそろえたホウセンカを4本用意し，右の図のような装置をつくり，A〜Dとした。Aはそのままで葉に何も処理をせず，Bはすべての葉の裏，Cはすべての葉の表に気孔をふさぐためにワセリンをぬり，Dはすべての葉をとってその切り口にワセリンをぬった。水面に食用油を注ぎ，これらを明るい風通しのよい場所に一定時間置いて，水の減少量を調べた。表はその結果である。

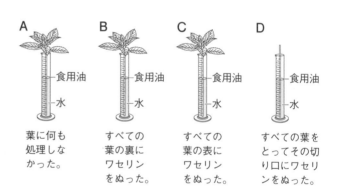

A　葉に何も処理しなかった。
B　すべての葉の裏にワセリンをぬった。
C　すべての葉の表にワセリンをぬった。
D　すべての葉をとってその切り口にワセリンをぬった。

表

装置	A	B	C	D
水の減少量〔cm³〕	25	8	19	2

(1) 水面に食用油を注いだのはなぜか。その理由を書け。

(2) 表から，葉の表から蒸散した水の量と，葉の裏から蒸散した水の量をそれぞれ求めよ。

(3) 実験の結果から，ホウセンカの葉の表と裏ではどのようなつくりのちがいがあると考えられるか。簡単に書け。

(1)		(2) 葉の表	葉の裏
(3)			

消化と吸収

🔗 リンク
ニューコース参考書
中2理科
p.126〜134

攻略のコツ 栄養分がどの器官で消化され,最終的に何という物質になるかをつかむ。

テストに出る! 重要ポイント

● 食物中の栄養分　炭水化物（デンプンなど）,**タンパク質**,脂肪など。

● 消化

❶ 消化…食物中の栄養分を分解し,体内にとり入れやすい物質にすること。
　①デンプン→ブドウ糖
　②タンパク質→アミノ酸
　③脂肪→脂肪酸とモノグリセリド

❷ 消化酵素…食物中の栄養分を化学的に分解する物質。決まった物質にしかはたらかない。

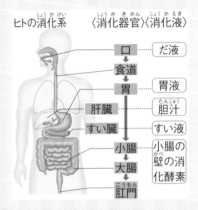

ヒトの消化系　〈消化器官〉〈消化液〉

口 ── だ液
食道
胃 ── 胃液
肝臓 ── 胆汁
すい臓 ── すい液
小腸 ── 小腸の壁の消化酵素
大腸
肛門

● 栄養分の吸収　小腸の**柔毛**から吸収される。

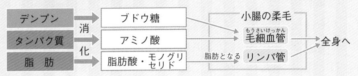

デンプン → ブドウ糖 ─────┐
タンパク質 → アミノ酸 ───→ 小腸の柔毛　毛細血管 ──→ 全身へ
脂肪 → 脂肪酸・モノグリセリド　脂肪となる リンパ管

消化

Step 1　基礎力チェック問題

解答 ▶ 別冊p.11

1 次の〔　　〕にあてはまるものを選ぶか,あてはまる言葉を書きなさい。

☑(1) 食物中の栄養分を分解して,からだの中にとり入れやすい物質にすることを〔　　　　　〕という。

☑(2) 消化液にふくまれており,栄養分を分解するはたらきをもつものを〔　　　　　〕という。

☑(3) だ液にふくまれる消化酵素である〔 ペプシン　アミラーゼ 〕は,〔 デンプン　タンパク質 〕を分解する。

☑(4) 肝臓が分泌する消化液を〔 すい液　胆汁 〕という。

☑(5) タンパク質は,最終的には〔 デンプン　アミノ酸 〕になる。

☑(6) 消化された栄養分は小腸の〔　　　　　〕から吸収される。

🏃 得点アップアドバイス

1

テストで注意 「消化器官」「消化管」「消化系」

●消化器官…食道,胃など,消化にかかわる器官。

●消化管…口→食道→胃→小腸→大腸→肛門とつながる1本の長い管。

●消化系…消化器官をまとめて表すときの用語。

(4) 胆汁には消化酵素はふくまれていない。

2 【ヒトの消化系】
右の図は，ヒトの消化器官の略図である。次の問いに答えなさい。

☑(1) 口からとり入れた食物は，どのような
順序で消化管を通っていくか。次の**ア**〜
オから１つ選び，記号で答えよ。

〔　　　　　〕

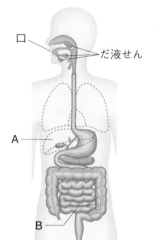

ア　口→胃→食道→大腸→小腸→肛門
イ　口→食道→胃→大腸→小腸→肛門
ウ　口→食道→大腸→胃→小腸→肛門
エ　口→胃→食道→小腸→大腸→肛門
オ　口→食道→胃→小腸→大腸→肛門

☑(2) 消化液にふくまれ，消化を助けるはた
らきをする物質を何というか。

〔　　　　　〕

☑(3) だ液にふくまれる(2)の物質は，どんなはたらきをするか。次の**ア**〜
エから１つ選び，記号で答えよ。　　　　　　　〔　　　　　〕
ア　脂肪を分解する。
イ　デンプンをアミノ酸に変える。
ウ　タンパク質をアミノ酸に変える。
エ　デンプンを麦芽糖（ばくがとう）に変える。

☑(4) 図の**A**の器官は何か。名称（めいしょう）を答えよ。　〔　　　　　〕

☑(5) 図の**B**の器官のはたらきを，次の**ア**〜**ウ**から１つ選び，記号で答えよ。

〔　　　　　〕

ア　おもに水分だけを吸収する。
イ　尿素（にょうそ）などの不要物をこしとる。
ウ　おもに消化された栄養分を吸収する。

3 【栄養分の吸収】
右の図は，小腸の内側にある部分の断面を拡大したものである。
次の問いに答えなさい。

☑(1) この部分を何というか。名称を答えよ。

〔　　　　　〕

毛細
血管

a

☑(2) **a**の管の名称を書け。

〔　　　　　〕

☑(3) 毛細血管に吸収される栄養分を，次の**ア**〜**エ**
から２つ選び，記号で答えよ。
〔　　　　　〕
ア　ブドウ糖　　　　　**イ**　アミノ酸
ウ　脂肪酸　　　　　　**エ**　モノグリセリド

1 【だ液のはたらき】

だ液のはたらきを調べるため，次の実験を行った。うすいデンプンのりを 5 cm³ ずつ入れた 2 本の試験管 A，B を約 40 ℃の湯が入っているビーカーに入れた。しばらくこの状態にしたあと，図のように試験管 A には水でうすめただ液を，試験管 B には水をそれぞれ 1 cm³ ずつ入れた。

15 分後，試験管 A，B の溶液をそれぞれ 2 つに分け，ヨウ素液とベネジクト液での反応を調べた。右の表は，これらの結果をまとめたものである。次の問いに答えなさい。

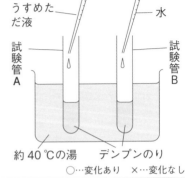

○…変化あり　×…変化なし

	Aの溶液	Bの溶液
ヨウ素液	×	○
ベネジクト液	○	×

(1) ベネジクト液で反応を調べるとき，ベネジクト液を加えたあとの操作として，適切なものを次のア〜エから選び，記号で答えよ。

　　〔　　　　〕

ア　ろ過する。　　　　　　　イ　加熱する。
ウ　冷却する。　　　　　　　エ　放置する。

√よくでる (2) この実験から，だ液のはたらきについてどのようなことがいえるか。簡単に書け。

　　〔　　　　　　　　　　　　　　　　　　　　　〕

(3) だ液にふくまれている消化酵素の名称を書け。　〔　　　　　　〕

2 【消化と吸収】

図 1 は，ヒトの消化器官を表した模式図である。また，図 2 は，図 1 のある器官の壁の一部の断面図である。次の問いに答えなさい。

(1) タンパク質を最初に分解するはたらきをもつ消化酵素をふくむ消化液は，どの器官から出されるか。図 1 のア〜オから 1 つ選び，記号で答えよ。

　　〔　　　　〕

図1

(2) 図 2 は，どの器官にあるか。図 1 のア〜オから選び，記号で答えよ。　〔　　　　〕

(3) 図 2 のようなつくりは，消化された栄養分を効率よく吸収するのに役立っている。その理由を簡潔に書け。

図2

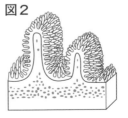

〔　　　　　　　　　　　　　　　　　　　　　〕

(4) デンプン，タンパク質，脂肪は消化され，何という物質になって図 2 に吸収されるか。次のア〜エから，それぞれにあてはまるものをすべて選び，記号で答えよ。

デンプン 〔　　　　　〕　タンパク質 〔　　　　　〕　脂肪 〔　　　　　〕
　ア　アミノ酸　　　　イ　脂肪酸　　　　ウ　ブドウ糖　　　　エ　モノグリセリド

✓よくでる (5)　(4)のア〜エの物質のうち，図2の毛細血管に吸収されるものはどれか。すべて選び，記号で答えよ。　　　　　　　　　　　　　　　　　　　　　　　　　　　〔　　　　　　　　　〕

3 【消化と吸収】
右の図を見て，次の問いに答えなさい。

(1)　だ液のような消化液にふくまれていて，食物中の栄養分を分解するはたらきがあるものは何か。その名称を書け。　　　　　〔　　　　　　　　　〕

(2)　デンプンを消化する(1)を最初に出す器官を，右の図のa〜eから1つ選び，記号で答えよ。
　　　　　　　　　　　　　　　〔　　　　　　　　　〕

(3)　右の図のdから分泌される消化液は，食物中の栄養分のうち何の消化にはたらくか。次のア〜エから1つ選び，記号で答えよ。　〔　　　　　　　　　〕
　ア　デンプンだけにはたらく。　　　　イ　デンプンとタンパク質と脂肪にはたらく。
　ウ　デンプンとタンパク質にはたらく。エ　タンパク質だけにはたらく。

思考 (4)　ダイズにふくまれる割合が最も大きい栄養分が，最終的に図のeから吸収されるとき，何という物質になっているか。　　　　　　　　　　　　　〔　　　　　　　　　〕

入試レベル問題に挑戦

4 【消化】
下の図は，食物中の栄養分が，消化液などの消化酵素によって分解されていくようすを表したものである。あとの問いに答えなさい。

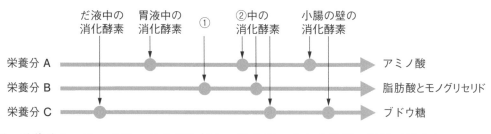

(1)　栄養分A，B，Cは，それぞれ何か。次のア〜ウから選び，記号で答えよ。
　　　　　　　　　　　A〔　　　　〕　B〔　　　　〕　C〔　　　　〕
　ア　タンパク質　　　　イ　脂肪　　　ウ　デンプン

(2)　①は肝臓でつくられるもので，消化酵素をふくんでいない。①は何か，名称を答えよ。
　　　　　　　　　　　　　　　　　　　　　　　　　　　〔　　　　　　　　　〕

(3)　②にあてはまる消化液は何か。名称を答えよ。　　　〔　　　　　　　　　〕

　ヒント
　(2)　①は，肝臓でつくられ，胆のうに一時たくわえられる。

5 呼吸のはたらき

攻略のコツ 肺胞内で酸素と二酸化炭素が交換されることを忘れずに！

テストに出る！ **重要ポイント**

● **肺による呼吸**

❶ **ヒトの呼吸系**…鼻や口から，**気管→気管支→肺（肺胞）**とつながる。

❷ **肺胞**…肺をつくっている無数の小さな袋。表面には**毛細血管**が分布している。肺の表面積が大きくなる。

❸ **気体の交換**…肺胞内の空気から血液中に酸素が，血液中から肺胞内に二酸化炭素が出される。

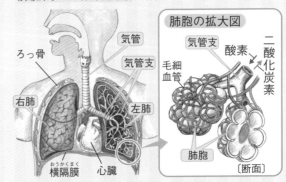

肺胞の拡大図

● **細胞による呼吸**

● **細胞の呼吸**…小腸で吸収した栄養分を，肺でとり入れた酸素を使って分解し，エネルギーをとり出すはたらき。

栄養分＋酸素 ⟶ 二酸化炭素＋水＋エネルギー

Step 1 基礎力チェック問題

解答 別冊p.12

1 次の〔　　〕にあてはまるものを選ぶか，あてはまる言葉を書きなさい。

☑ (1) ヒトの呼吸系は，鼻や口から，気管→〔　　　　　〕→肺（肺胞）とつながっている。

☑ (2) 血液中の酸素と二酸化炭素の交換は，肺の〔　　　　　〕という部分で行われる。

☑ (3) 肺胞の表面は〔　　　　　〕がとりまいている。

☑ (4) 肺胞があることによって，空気と血液が接する表面積は〔　大きく　小さく　〕なる。

☑ (5) 細胞では，栄養分からエネルギーをとり出すときに，〔　酸素　二酸化炭素　〕を使う。

得点アップアドバイス

1

(1) 気管は肺に入ると枝分かれして，肺胞につながる。

2 【肺のつくり】
右の図は，ヒトの呼吸器官（こきゅうきかん）を示したものである。これについて，次の問いに答えなさい。

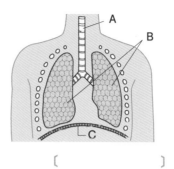
得点アップアドバイス

(1) 図中のA，Bを何というか。名称（めいしょう）を書け。
　　　　　A〔　　　　　　　〕
　　　　　B〔　　　　　　　〕

(2) 図中のBには筋肉がなく，図中のCと筋肉のついたろっ骨が動くことでふくらんだり縮んだりしている。図中のCは何か。名称を書け。

　　　　　　　　　　〔　　　　　　　　　〕

2
(2) 息を吸うときは，ろっ骨は引き上げられ，Cは下がる。息をはくときは，ろっ骨は下がり，Cは上がる。

3 【細胞による呼吸】
右の図は，細胞でエネルギーをとり出すときの変化を示したものである。次の問いに答えなさい。

(1) A，Bには何という気体があてはまるか。それぞれ答えよ。
　　　　　A〔　　　　　　　〕
　　　　　B〔　　　　　　　〕

(2) このように細胞で栄養分からエネルギーをとり出すはたらきを，細胞の何というか。　〔　　　　　　　〕

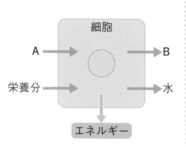

3
(1) 肺で行われる呼吸と関連づける。Aは，肺でとり入れられるもの，Bは，肺から排出（はいしゅつ）されるものである。

4 【肺のつくり】
右の図は，ヒトの肺をつくっている無数の小さな袋のうちの一部を模式的に示したものである。次の問いに答えなさい。ただし，矢印は血液の流れる向きを示している。

(1) 肺は，ガス交換（酸素と二酸化炭素の交換）に適するように，たくさんの小さな袋aが集まってできており，表面積を大きくしている。この小さな袋を何というか。名称を書け。

　　　　　〔　　　　　　　　　〕

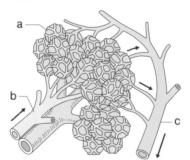

(2) 図のb，cはaをとりまく毛細血管につながっている。cよりbの血管を流れる血液に多い成分は何か。次のア～ウから1つ選び，記号で答えよ。　　　　　　　　〔　　　　　　　　　〕

ア　酸素　　　　　　イ　二酸化炭素　　　　　ウ　窒素（ちっそ）

4
(1) 気管は，枝分かれして気管支になり，aにつながっている。

(2) bにはaに向かう血液が，cにはaから出ていく血液がそれぞれ流れている。

2章／生物のからだのつくりとはたらき

5　呼吸のはたらき

1 【気体の交換】

右の図は，血液が肺やからだの細胞（さいぼう）で，気体を交換（こうかん）するようすを模式的に表したものである。次の問いに答えなさい。

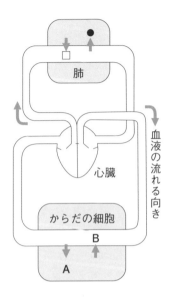

肺

血液の流れる向き

心臓

からだの細胞

B

A

(1) 図の肺でやりとりされる□は，肺から血液にとり入れられる気体，●は血液中から肺へわたされる気体を表している。それぞれの名称（めいしょう）を書け。

□〔　　　　　　　　　　〕

●〔　　　　　　　　　　〕

ミス注意 (2) 図のからだの細胞でやりとりされるA，Bにあてはまる気体は，□，●のどちらか。それぞれ記号で書け。

A〔　　　　　　　　　　〕

B〔　　　　　　　　　　〕

(3) 小腸で吸収された栄養分は，血液によって細胞に運ばれ，気体Aを利用して気体Bとある物質に分解される。ある物質とは何か。名称を書け。

〔　　　　　　　　　　　　　　　　〕

(4) 細胞で栄養分が分解されるとき，生物の活動に必要なあるものが発生する。あるものとは何か。　　　　　　　　　　　　〔　　　　　　　　　　　　　〕

2 【肺のつくりとはたらき】

右の図は，ヒトの肺のつくりを表している。次の問いに答えなさい。

よくでる (1) 図のAは，何を表しているか。

〔　　　　　　　　　　〕

気管

肺

A

（断面）

(2) 図のAをとりまいている網（あみ）の目のようなものを何というか。

〔　　　　　　　　　　〕

(3) ヒトの肺には多数のAがあり，気体を効率よく交換できるようになっている。Aがたくさんあると，効率よく気体の交換ができるのはなぜか。その理由を簡潔に書け。

〔　　　　　　　　　　　　　　　　　　　　　　　　　　　　　　　　〕

(4) 肺でとり入れた気体は(2)を流れる何によって運搬（うんぱん）されるか。

〔　　　　　　　　　　　　　〕

3 【肺のはたらき】

右の図は，ヒトの肺の一部を模式的に表したものである。次の問いに答えなさい。

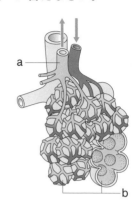

(1) 図の➡は，血管の中の血液が流れる向きを示している。aの血管を流れる血液について正しいものを次のア～エから1つ選び，記号で答えよ。　〔　　　　　〕

ア　からだの細胞からわたされた酸素を多くふくんでいる。

イ　bの内側の空気からとり入れた酸素を多くふくんでいる。

ウ　からだの細胞からわたされた二酸化炭素を多くふくんでいる。

エ　bの内側の空気からとり入れた二酸化炭素を多くふくんでいる。

思考 (2) bは無数にある非常に小さな袋状のつくりで，効率よく気体の交換ができる役目を果たしている。同じように無数にあり，植物の根で効率よく水や水にとけた養分を吸収する役目を果たしている部分と，ヒトの小腸で栄養分を効率よく吸収する役目を果たしている部分をそれぞれ何というか。

植物の根〔　　　　　　　　　　〕　ヒトの小腸〔　　　　　　　　　　〕

入試レベル問題に挑戦

4 【肺による呼吸】

ヒトの肺での空気の出し入れのしくみを調べるため，次のようなモデルを用いた実験を行った。あとの問いに答えなさい。

〈実験1〉　ペットボトルの容器の底を切りとって，ゴム膜をとりつけ，ゴム風船やストローなどを使って，図1のような実験装置を組み立てた。

〈実験2〉　ゴム膜を下に引くと，ゴム風船が，図2のようにふくらんだ。次に，ゴム膜をもとにもどすと，ゴム風船は図1の状態にもどった。

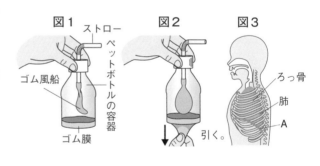

(1) 図3は，ヒトのろっ骨や肺などを模式的に表したものである。ヒトの肺での空気の出し入れは，この実験とほぼ同じようなしくみで行われる。図3のAは図1の何にあたるか。名称を書け。　〔　　　　　　　　　　〕

(2) Aを何というか。名称を書け。　〔　　　　　　　　　　〕

(3) ヒトが空気を大きく吸いこむとき，Aやろっ骨はどのような動きをするか。次の文中の①，②の〔　　　〕から適切な言葉を選び，記号で答えよ。

①〔　　　　　〕　②〔　　　　　〕

Aが①〔　ア　上がり　　イ　下がり　〕，同時にろっ骨が②〔　ウ　上がってエ　下がって　〕空気が入る。

血液の循環，排出のしくみ

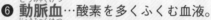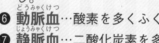

リンク
ニューコース参考書
中2理科
p.138〜146

攻略のコツ 肺を通過前は静脈血，通過後は動脈血が流れる。

テストに出る！ **重要ポイント**

血液の循環

❶ **動脈**…心臓から送り出される血液が流れる血管。

❷ **静脈**…心臓へもどる血液が流れる血管。逆流を防ぐ弁がある。

❸ **毛細血管**…動脈と静脈をつなぐ細い血管。

❹ **肺循環**…心臓から出て，肺を通り，心臓へもどる道すじ。

❺ **体循環**…心臓から出て，からだの各部分を通り，心臓へもどる道すじ。

❻ **動脈血**…酸素を多くふくむ血液。

❼ **静脈血**…二酸化炭素を多くふくむ血液。

（図）肺循環・体循環と心臓のつくり
肺／血液の流れ／肺動脈／肺静脈／動脈／右心房／左心房／右心室／心臓／左心室／静脈／血液の流れ／からだの組織／■は動脈血 ■は静脈血

血液のはたらき

❶ 血液の成分
- **赤血球**…赤色の**ヘモグロビン**をふくみ，酸素を運ぶ。
- **白血球**…細菌などの異物を分解する。
- **血小板**…出血したときなどの血液の凝固に関係する。
- **血しょう**…液体成分。栄養分や不要物を運ぶ。

❷ **組織液**…血しょうの一部が毛細血管からしみ出したもの。

排出のしくみ

❶ **排出系**…じん臓・ぼうこう・輸尿管などの器官。

❷ **じん臓**…血液から尿素などの不要物をとり除き，尿にする。

❸ **肝臓**…体内の有害なアンモニアを無害な尿素に変える。

Step 1   基礎力チェック問題

解答 別冊p.12

1 次の〔　〕にあてはまるものを選ぶか，あてはまる言葉を書きなさい。

☑ (1) 心臓から送り出される血液が流れる血管を〔　　　　　〕という。

☑ (2) 酸素を多くふくむ血液を〔　静脈血　　動脈血　〕という。

☑ (3) 血液の成分のうち，酸素を運ぶはたらきがあるのは〔　赤血球　白血球　　血小板　〕である。

☑ (4) 肝臓は，有害なアンモニアを無害な〔　　　　　〕につくり変える。

得点アップアドバイス

1
テストで注意 **動脈と動脈血，静脈と静脈血**
「動脈には動脈血，静脈には静脈血」が必ず流れているわけではないので注意。

2 【血液】
右の図は，ヒトの血液中にふくまれる固形成分を示している。次
の問いに答えなさい。

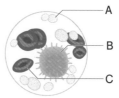

☑ (1) 図のA，B，Cのそれぞれの名称を書け。

A 〔　　　　　　　　　〕

B 〔　　　　　　　　　〕

C 〔　　　　　　　　　〕

☑ (2) 血液が赤く見えるのは，血液の成分に赤い物
質がふくまれているためである。この赤い物質
は，A～Cのどれにふくまれているか。記号で答えよ。

〔　　　　　　　〕

☑ (3) 血液の固形成分を運び，組織の細胞から出された二酸化炭素などを
とかして運ぶ液体を何というか。

〔　　　　　　　〕

☑ (4) (3)の液体が毛細血管の壁からしみ出して，細胞のまわりを満たした
液体を何というか。　　　　　　　　〔　　　　　　　〕

3 【血液循環】
右の図は，ヒトの血液循環を模式的に示したもので，ア～エは血
管を表している。次の問いに答えなさい。

(1) 次の①～②にあてはまる血管
を，ア～エからすべて選び，記
号で答えよ。

☑ ① 動脈であるもの。

〔　　　　　　　〕

☑ ② 動脈血の流れている血管。

〔　　　　　　　〕

☑ (2) イ，エのうち，弁のある血管
はどちらか。記号で答えよ。

〔　　　　　　　〕

☑ (3) 血液が心臓から出て，アの血
管を通って肺へいき，ウの血管
を通って心臓へもどる循環を何
というか。　　　　　　　　〔　　　　　　　〕

☑ (4) 血液は，(3)の循環で肺を通るとき，何を受けとるか。

〔　　　　　　　〕

☑ (5) (4)で受けとったものは，血液中の何という固形成分によって運ばれ
るか。　　　　　　　　　　　〔　　　　　　　〕

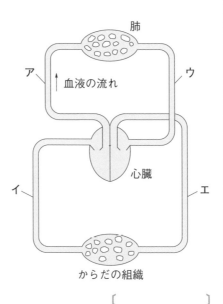

得点アップアドバイス

2

確認 ヘモグロビン

酸素と結びついたヘモグ
ロビンはあざやかな赤い
色をしている。ヘモグ
ロビンには，酸素の多いと
ころでは酸素と結びつ
き，酸素の少ないところ
では酸素をはなす性質が
ある。

3

(1) ①動脈は，心臓から
送り出された血液が通る
血管。

(2) 弁があることで，血
液の逆流を防ぐことがで
きるようになっている。

肺で交換されるも
のは何かを思い出
そう。

1 【血液のはたらき】

右の図は，血液を顕微鏡で観察した模式図である。次の
問いに答えなさい。

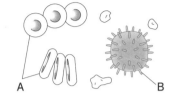

✓よくでる (1) 図の**A**の名称を書け。また，**A**のはたらきを説明し
ている文を，次の**ア～エ**から選び，記号で答えよ。

名称〔　　　　　　　〕記号〔　　　　　　〕

ア 消化管から吸収した栄養分を運ぶ。 **イ** 二酸化炭素や不要物を運ぶ。
ウ 体内に侵入した細菌を分解する。 **エ** からだの各部分に酸素を運ぶ。

(2) 図の**B**のはたらきを説明している文を，(1)の**ア～エ**から選び，記号で答えよ。

〔　　　　　　〕

(3) 図の**A**の中にふくまれている赤い物質の名称を書け。　　〔　　　　　　〕

(4) 血液にふくまれている**A**，**B**以外の透明な液体を何というか。その名称を書け。

〔　　　　　　〕

2 【血液の循環とはたらき】

ヒトのからだの中では，血液と各細胞との間で酸素や栄養分と不要物との交換が行われ
ている。右の図は，ヒトの血液循環のようすを正面から見て模式的に表したものであり，
矢印は血液が流れる向きを示している。次の問いに答えなさい。

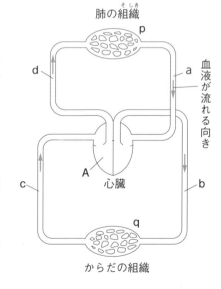

肺の組織

からだの組織

✓よくでる (1) 血液と各細胞との間で酸素や栄養分と不要物
との交換のなかだちをしている液体を何という
か。名称を答えよ。　〔　　　　　　　〕

(2) 図の心臓の**A**の部屋の名称を書け。また**A**に
ついて正しく述べているものを，次の**ア**，**イ**か
ら選び，記号で答えよ。

名称〔　　　　　　　〕記号〔　　　　　　〕

ア からだの組織からの血液が直接流れこむ。
イ 収縮して，肺へ血液を送る。

(3) 「心臓→血管**b**→血管**q**→血管**c**→心臓」と表
される血液の循環を何というか。

〔　　　　　　〕

(4) 動脈血について，正しく述べているものはど
れか。次の**ア～エ**から選び，記号で答えよ。

〔　　　　　　〕

ア 動脈を流れる血液である。 **イ** 二酸化炭素を多くふくんだ血液である。
ウ 酸素を多くふくんだ血液である。 **エ** 心臓へもどる血液である。

(5) 動脈血が流れている血管を図の**a～d**からすべて選び，記号で答えよ。

〔　　　　　　〕

③ 【血液の流れの観察】
図1のように，チャックつきのポリエチレン袋に生きているヒメダカと少量の水を入れ，顕微鏡で尾びれの部分を観察した。次の問いに答えなさい。

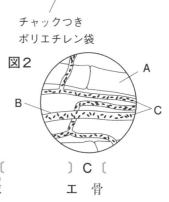

図1

チャックつき
ポリエチレン袋

✓よくでる (1)　図1のように，ヒメダカを水といっしょにポリエチレン袋に入れるのはなぜか。その理由を簡単に書け。
〔　　　　　　　　　　　　　　　　　　　　　〕

(2)　尾びれの部分は，図2のように観察された。Aは太い円柱状の構造で，尾びれの先端部分になるほどたがいの間隔は広くなっていた。Aの間には細い管状のBが何本も見えた。Bの中には粒状のCが一定方向に流れていた。A～Cは何か。ア～エからそれぞれ選び，記号で答えよ。

図2

A〔　　　　〕 B〔　　　　〕 C〔　　　　〕

ア　毛細血管　　　イ　赤血球　　　ウ　白血球　　　エ　骨

④ 【じん臓のつくり】
右の図のヒトのじん臓のつくりについて，次の問いに答えなさい。

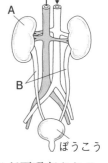

ぼうこう

(1)　図中のA，Bの名称を書け。
A〔　　　　　　〕 B〔　　　　　　〕

✓よくでる (2)　Aは血液中からおもに何をとり除いているか。次のア～ウから選び，記号で答えよ。〔　　　　〕
ア　タンパク質　　　イ　脂肪　　　ウ　尿素

(3)　(2)の物質がつくられるのはどの器官か，名称を書け。
〔　　　　　　　　〕

(思考) (4)　1日にじん臓でこし出された液の量は約150Lで，そのうち99％が再吸収される。このことから，1日につくられる尿は何Lと考えられるか。〔　　　　　　　〕

入試レベル問題に挑戦

⑤ 【肝臓のはたらき】
右の図は，肝臓を表している。次のア～コから肝臓のはたらきをすべて選び，記号で答えなさい。
〔　　　　　　　　〕

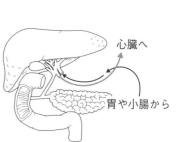

心臓へ

胃や小腸から

ア　胆汁をつくる。　　　　イ　すい液をつくる。
ウ　胆汁をたくわえる。　　エ　胃液をつくる。
オ　栄養分をたくわえる。　カ　尿素をこし出す。
キ　アミノ酸をアンモニアに変える。　ク　デンプンをモノグリセリドに変える。
ケ　アンモニアを尿素に変える。　　コ　血液中の有害な物質を無害な物質に変える。

攻略のコツ　反射の命令は脊髄などから出されることをつかむ。

テストに出る！ **重要ポイント**

● **感覚器官**

● **感覚器官**…外界からの刺激を受けとる器官。目，耳，鼻，舌，皮膚など。

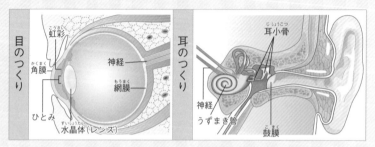

目のつくり
虹彩
角膜
ひとみ
水晶体（レンズ）
神経
網膜

耳のつくり
耳小骨
神経
うずまき管
鼓膜

● **ヒトの神経系**

脳や脊髄を**中枢神経**，感覚神経や運動神経を**末しょう神経**という。

❶ **感覚神経**…感覚器官からの刺激を中枢神経（脳や脊髄）に伝える。

❷ **運動神経**…脳や脊髄からの命令を筋肉（運動器官）に伝える。

❸ **反射**…無意識に起こる反応。生まれつきそなわっている。

脳
感覚器官
感覚神経
皮膚など
筋肉
脊髄
運動神経

● **運動のしくみ**

ヒトのうでは，1対の筋肉が交互に縮むことによって，曲げたりのばしたりできる。

Step 1　基礎力チェック問題　　解答 ▶ 別冊p.13

1 次の〔　　〕にあてはまるものを選ぶか，あてはまる言葉を書きなさい。

☑ (1) 音，光などの刺激を受けとる器官を〔　　　　　　〕という。

☑ (2) ヒトの目は，光の刺激を受けとる器官で，目に入る光の量は〔　虹彩　　水晶体（レンズ）　〕で調節している。

☑ (3) 音の振動を最初にとらえるのは〔　鼓膜　　うずまき管　〕である。

☑ (4) 脳や脊髄の命令を筋肉に伝える末しょう神経を〔　　　　　　〕という。

☑ (5) 刺激に対して無意識に起こる反応を〔　　　　　　〕という。

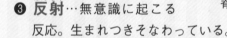

📈 得点アップアドバイス

1

(4) 脳や脊髄からの命令を筋肉に伝える神経は末しょう神経の1つで，からだのすみずみまでいきわたっている。

2 【目のつくりとはたらき】
右の図は，ヒトの目のつくりを示したものである。これについて，次の問いに答えなさい。

☑ (1) 図中の**イ，ウ，エ**のそれぞれの名称を答えよ。

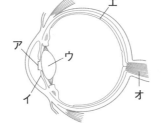

イ〔　　　　　〕
ウ〔　　　　　〕
エ〔　　　　　〕

☑ (2) 光を屈折させて，網膜上に像を結ぶはたらきをしているのはどこか。図の**ア～オ**から選び，記号で答えよ。　　〔　　　　　〕

3 【耳のつくり】
耳のつくりを示した右の図を見て，次の問いに図の**ア～エ**の記号で答えなさい。

☑ (1) 音の振動をとらえてふるえる膜はどこか。

〔　　　　　〕

☑ (2) 音の振動による刺激の信号を脳に伝えるのはどこか。

〔　　　　　〕

4 【刺激の伝わり方】
「熱いものに手がふれると思わず手を引っこめる」反応について，次の問いに答えなさい。

☑ (1) このような反応を何というか。　　〔　　　　　〕

☑ (2) このとき，皮膚が受けた刺激の信号は，次の道すじで筋肉に伝わる。**ア，イ**にあてはまる言葉を書け。

ア〔　　　　　　　　　〕　イ〔　　　　　　　　　〕

皮膚　→　（ア）神経　→　脊髄　→　（イ）神経　→　筋肉

5 【運動のしくみ】
右の図は，ヒトのうでのつくりと運動のようすを示している。次の問いに答えなさい。

☑ (1) 筋肉が骨についている**ア**の部分を何というか。　　〔　　　　　〕

☑ (2) うでを曲げているとき，縮んでいる筋肉は**イ，ウ**のどちらか。記号で答えよ。

〔　　　　　〕

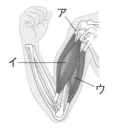

得点アップアドバイス

2

確認　**ヒトの目のしくみ**

ヒトの目は，明るい場所ではひとみが小さくなり，暗い場所ではひとみが大きくなって，目に入る光の量を調節している。

3

確認　**耳での刺激の伝わり方**

音の刺激は，鼓膜→耳小骨→うずまき管→神経→脳の順に伝わる。

4

確認　**刺激の伝わり方**

刺激を受けてから，反応するまでのしくみは，意識して行動するときと，無意識に起こる反応のときではちがっている。どのようにしくみがちがっているのか，確認しておこう。

(1) この反応は，意識したものではない。
(2) 脳が関係していないことに注目しよう。

5

(1) 関節をへだてて，2つの骨に結びついている組織のこと。
(2) イ，ウどちらかの筋肉はゆるむ。

1 【感覚器官】
次の(1)～(3)にあてはまる感覚器官の名称をそれぞれ答えなさい。
(1) 物質の小さな粒がにおいの刺激を受けとる細胞にふれ，その刺激（におい）を感じるところ。　〔　　　　　　〕
(2) 光の刺激を受けとるところ。　〔　　　　　　〕
(3) さわられたことを感じる点，温度や痛さを感じる点などが点状に分布しているところ。　〔　　　　　　〕

2 【目のつくりとはたらき】
右の図は，ヒトの目のつくりと，フィルムカメラのつくりを模式的に示したものである。次の問いに答えなさい。

✔よくでる (1) 目とカメラを比べたとき，カメラの次の部分は，目では図のア～オのどの部分に似ているか。それぞれ答えよ。

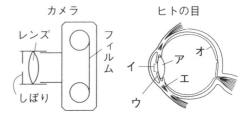

レンズ〔　　　　〕
しぼり〔　　　　〕
フィルム〔　　　　〕

(2) 暗い部屋に入り，約10秒後，目を開けたままで電灯をつけて明るくした。このとき，ひとみの大きさはどうなるか。　〔　　　　　　〕

3 【行動のしくみ】
図1のように，円形の水そうにメダカを数ひき入れて，①ガラス棒で水そうの水を上から見て時計回りに回した。次に，水の流れが止まってから，図2のように②水そうの外側で，縦じま模様の紙を上から見て時計回りに回した。①のときも，②のときも，メダカは一定の方向に向いて泳いだ。メダカが泳いだ向きを，次のア，イからそれぞれ選び，記号で答えなさい。ただし，メダカには下流に流されないように泳ぐ習性がある。

図1　水そう　メダカ　ガラス棒

図2　糸

①〔　　　　〕 ②〔　　　　〕
ア　水そうの上から見て時計回りの方向
イ　水そうの上から見て反時計回りの方向

4 【刺激の伝わり方】
右の図は，刺激の伝達経路を示している。次の問いに答えなさい。

（刺激）→ 感覚器官 → A
中枢神経
（反応）← 筋　肉 ← B

(1) A，Bは神経を示している。それぞれ何という神経か。名称を答えよ。

A〔　　　　　　　　　神経　〕

B〔　　　　　　　　　神経　〕

(2) A，Bの神経を，中枢神経に対して何とよぶか。名称を答えよ。

〔　　　　　　　　　神経　〕

(3) 中枢神経には，脳や脊髄がある。このうち，熱いものにふれたとき，思わず手を引っこめる反応のときに命令を出す中枢神経はどちらか。　〔　　　　　　　　　〕

入試レベル問題に挑戦

5 【ヒトの神経系】
右の図は，ヒトの神経系を模式的に示したもので，Cは脳，Aは皮膚，Hは筋肉，ほかは刺激を伝える神経である。次の文を読んで，あとの問いに答えなさい。

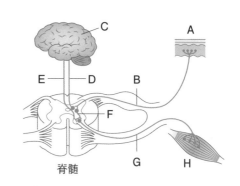

脊髄

　ふとんの中でうつらうつらしていた雄一さんは，①目覚まし時計が鳴ったのであわてて止めた。この日はサッカーの試合があるのでしっかり目を覚まそうと，キッチンに行き，熱いお茶を飲もうとお湯をわかしていた。ところが，②熱いやかんに手がふれ，思わず手を引っこめた。

✓よくでる (1) Gの神経の名称を書け。

〔　　　　　　　　　〕

(2) 下線部①における反応を起こさせた刺激は，どんな種類の刺激か。次のア～エから選び，記号で答えよ。　〔　　　　　　　　　〕

ア　光　　　　　イ　音　　　　　ウ　温度　　　　　エ　におい

ミス注意 (3) 下線部②において，刺激を受け，反応が起こるまでの道すじを，図の中の記号Aから順に，B～Hから必要な記号を用いて書け。

〔A→　　　　　　　　　〕

✓よくでる (4) 下線部②における反応を何というか。名称を書け。　〔　　　　　　　　　〕

(5) 下線部②における反応と異なる種類のものはどれか。次のア～エから選び，記号で答えよ。　〔　　　　　　　　　〕

ア　後ろから肩をたたかれたのでふり返った。

イ　口に食物を入れると，ひとりでにだ液が出た。

ウ　目の前に虫が飛んできたので，思わず目を閉じた。

エ　部屋の中がとても寒く，くしゃみが出た。

ヒント
(5) 意識して行う反応はどれかを考える。

定期テスト予想問題 ③

時間 ▶ 50分
解答 ▶ 別冊p.14

得点
/100

1 だ液のはたらきについて調べるため，次の実験を行った。あとの問いに答えなさい。

【2点×6】

〈実験〉 試験管A～Dにうすいデンプンのり（デンプン溶液）を約5 cm³とり，AとBにはだ液を，CとDには水をそれぞれ約1 cm³入れた。これらの試験管を約40℃の湯にしばらく入れておいた。その後，AとCにはヨウ素液を加えて色の変化を調べた。また，BとDにはベネジクト液を加え，加熱して調べた。表は，その実験の結果を示したものである。

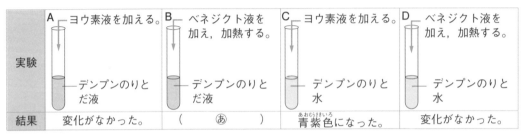

実験	A ヨウ素液を加える。 デンプンのりとだ液	B ベネジクト液を加え，加熱する。 デンプンのりとだ液	C ヨウ素液を加える。 デンプンのりと水	D ベネジクト液を加え，加熱する。 デンプンのりと水
結果	変化がなかった。	（　あ　）	青紫色になった。	変化がなかった。

(1) 試験管を約40℃の湯にしばらく入れておくのはなぜか。その理由を簡潔に書け。

(2) 下線部のヨウ素液およびベネジクト液は，それぞれ何がふくまれていることを調べるために加えたか。正しい組み合わせを次のア～エから選び，記号で答えよ。

ア　ヨウ素液→タンパク質，ベネジクト液→麦芽糖

イ　ヨウ素液→デンプン，ベネジクト液→タンパク質

ウ　ヨウ素液→デンプン，ベネジクト液→麦芽糖

エ　ヨウ素液→麦芽糖，ベネジクト液→タンパク質

(3) 表中の試験管Bの実験結果（　あ　）は，次のア～エのどれか。記号で答えよ。

ア　青色になった。

イ　赤褐色の沈殿ができた。

ウ　白色の沈殿ができた。

エ　変化がなかった。

(4) だ液などの消化液にふくまれていて，デンプンやタンパク質などの栄養分を分解するはたらきをもつものを一般に何というか。名称を書け。

(5) 次の文の①の〔　　〕にあてはまる言葉を選び，記号で答えよ。また，（　②　）にあてはまる言葉を書け。

消化された栄養分は，おもに①〔　ア　肝臓　　イ　小腸　　ウ　大腸　エ　じん臓　〕の内側の壁にある（　②　）という突起から吸収される。

(1)			(2)		(3)	
(4)		(5) ①			②	

2 右の図は，ヒトの血液の成分を表している。次の問いに答えなさい。 【3点×5】

(1) 次の①，②の文は，血液の成分のはたらきについて述
べている。図のa～cのどれについて説明したものか。
それぞれ記号で答えよ。

① 体内に入ったウイルスや細菌_{さいきん}を分解する。

② 出血したとき血液を凝固_{ぎょうこ}させる。

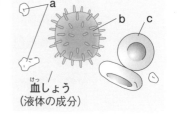

血しょう_{けっ}
（液体の成分）

(2) 血液が赤い色をしているのは，ある成分が赤い物質を
ふくむためである。

① 赤い物質をふくむ血液の成分を，図のa～cから選び，記号で答えよ。

② ①にふくまれる赤い物質の名称を書け。

③ 次の文は，②の赤い物質の性質について説明している。Ⅰ，Ⅱの（　）にあて
はまる言葉の組み合わせとして正しいものを，あとのア，イから選び，記号で答えよ。

酸素の多いところでは（　Ⅰ　），酸素の少ないところでは（　Ⅱ　）。

ア　Ⅰ：酸素と結びつき　　　　Ⅱ：酸素をはなす

イ　Ⅰ：酸素をはなし　　　　　Ⅱ：酸素と結びつく

(1)	①		②		(2)	①		②			③	

3 右の図は，ヒトの血液が循環_{じゅんかん}する経路の模式図
である。次の問いに答えなさい。 【3点×8】

(1) ⑦の器官_{きかん}は何か。名称を書け。

(2) ⑦の器官のはたらきを簡潔に説明せよ。

(3) A～Dの血管のうち，動脈血_{どうみゃくけつ}が流れている
静脈_{じょうみゃく}を1つ選べ。

(4) E～Hの血管について，①，②にあてはま
るものを1つずつ選べ。

① 二酸化炭素以外の，尿素_{にょうそ}などの不要物の
量が最も少ない血液が流れている血管。

② 食後，栄養分が最も多くふくまれている
血管。

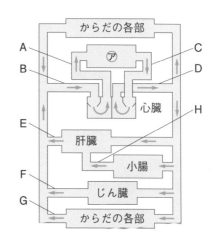

※ 矢印は，血液の流れる向きを示す。

(5) 次の文の（　①　）～（　③　）にあてはまる言葉をそれぞれ書け。

血液中には，体外から吸収された酸素や栄養分がふくまれている。これらは，動脈_{どうみゃく}
から枝分かれした細い血管である（　①　）まで運ばれる。血液の成分である（　②　）
の一部が，（　①　）の外にしみ出て（　③　）となる。この（　③　）を通して，酸
素や栄養分が各細胞_{さいぼう}にとり入れられる。

(1)		(2)		(3)	
(4) ①	②	(5) ①	②	③	

4 右の図は，ヒトの肺をつくっている肺胞（はいほう）の断面と，それをとり巻く毛細血管（もうさいけっかん）を示す模式図で，Aは心臓から肺へ向かう血液が流れる血管，Bは肺から心臓へ向かう血液が流れる血管を示している。これについて，次の問いに答えなさい。 【3点×6】

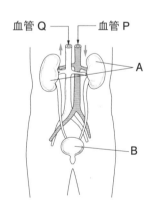

毛細血管
赤血球
血液の流れる方向

(1) 図中の血管Aの名称（めいしょう）と，その中を流れる血液の種類はそれぞれ何か。次のア〜エから正しい組み合わせを1つ選び，記号で答えよ。

ア　血管：肺動脈（はいどうみゃく）　　血液：動脈血（どうみゃくけつ）

イ　血管：肺動脈　　血液：静脈血（じょうみゃくけつ）

ウ　血管：肺静脈（はいじょうみゃく）　　血液：動脈血

エ　血管：肺静脈　　血液：静脈血

(2) 肺胞が多くあることは，肺のはたらきにおいて利点となる。それはなぜか。理由を簡潔に書け。

(3) 次の文は，ヒトの心臓と肺の間の血液の流れについて述べようとしたものである。文中の①，②にあてはまる最も適当な言葉を，下のア〜エからそれぞれ選び，記号で答えよ。

　　図中の血管Aを流れている血液は，心臓の（　①　）から出てくる血液であり，図中の血管Bを流れている血液は心臓の（　②　）にもどる血液である。

ア　右心房（うしんぼう）　　　イ　左心房（さしんぼう）

ウ　右心室（うしんしつ）　　　エ　左心室（さしんしつ）

(4) 図中のXは，赤血球（せっけっきゅう）にとり入れられる気体の流れを，またYは，血液中から肺胞へ出される気体の流れを示している。X，Yの気体の名称を書け。

(1)		(2)			
(3) ①		②		(4) X	Y

5 右の図はヒトのからだの一部を模式的に示したもので，A，Bはある器官（きかん）を示している。図の矢印は血管P，Qを流れている血液の向きを示したものである。次の問いに答えなさい。 【3点×3】

血管Q　　血管P
A
B

(1) A，Bの各器官の名称をそれぞれ書け。

(2) P，Qを流れている血液について，正しく述べているものを，次のア〜エから選び，記号で答えよ。

ア　Pの方が，Qよりも血液中の赤血球が少ない。

イ　Pの方が，Qよりも血液中の尿素（にょうそ）が多い。

ウ　Pの方が，Qよりも血液中のアンモニアが少ない。

エ　Pの方が，Qよりも血液中のブドウ糖（とう）が少ない。

(1) A		B		(2)	

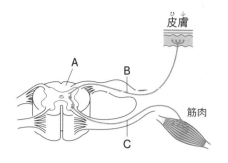

6 右の図は，ヒトの神経系のつながりを示したものである。次の問いに答えなさい。【2点×8】

(1) Aは何を表しているか。その名称を書け。

(2) Aは，どんなはたらきをするか。次のア〜エから選び，記号で答えよ。
　ア　脳とからだの各部分との連絡の通り道
　イ　記憶，感情，意思などをつかさどる
　ウ　意識して行う運動をつかさどる
　エ　からだの平衡感覚をつかさどる

(3) B，Cの各神経の名称を書け。

(4) 熱いものにさわったとき，思わず手を引っこめることがある。このような反応を何というか。また，そのときの反応が起こる経路を次のア，イから選び，記号で答えよ。
　ア　皮膚→B→A→脳→A→C→筋肉
　イ　皮膚→B→A→C→筋肉

(5) (4)のような反応を，次のア〜エから1つ選び，記号で答えよ。
　ア　明るい外から暗い部屋に入ると，ひとみが大きくなった。
　イ　梅干しを見ただけで，だ液が出た。
　ウ　マンガを読んでいて，思わず笑い出した。
　エ　電話が鳴ったので，受話器をとった。

(6) (4)のような反応は，ヒトが生きていく上でどのようなことに役立っているか。簡潔に書け。

(1)		(2)		(3) B		C	
(4)	記号		(5)		(6)		

7 右の図は，ヒトのうでの骨格と筋肉のつき方を示している。次の問いに答えなさい。【2点×3】

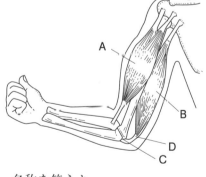

(1) 図のように，うでを曲げているとき，A，Bの筋肉は，それぞれどのような状態になっているか。ア〜エから1つ選び，記号で答えよ。
　ア　Aはゆるんでいて，Bは縮んでいる。
　イ　Aは縮んでいて，Bはゆるんでいる。
　ウ　AもBもゆるんでいる。
　エ　AもBも縮んでいる。

(2) 骨と骨がつながっているCの部分を何というか。名称を答えよ。

(3) 筋肉が骨についているDの部分を何というか。名称を答えよ。

(1)		(2)		(3)	

1 気象の観測

攻略のコツ 乾湿計，湿度表の読みとりをしっかり！　天気記号もおさえておこう。

🔗 リンク
ニューコース参考書
中2理科
p.170〜174

テストに出る！ **重要ポイント**

● 気象観測と天気図

❶ **気温と湿度**…気温は地上から約 1.5 m の高さ，風通しのよい日かげで測定。湿度は湿度表より読みとる。

❷ **気圧**…大気による圧力。

❸ **風向・風力**…風向は風がふいてくる方向を 16 方位で表す。風力は風の強さを 0〜12 の 13 段階で表す。

（図）
- 風向は，矢の向きで示す。 例 北北東
- 左肩に，気温を記入。 例 5 ℃
- 風力は矢羽根の数で示す。 例 風力 4
- 天気を記入。 例 くもり
- 右肩に，気圧を記入。 例 1023 hPa
- 5　23

❹ **雲量**…雲量 0〜1→快晴，2〜8→晴れ，9〜10→くもり。

❺ **天気記号**

天気	快晴	晴れ	くもり	雨	雪
記号	○	◐	◎	●	⊗

❻ **等圧線**…気圧が等しい地点を結んだ曲線。1000 hPa を基準にして，4 hPa ごとに引く。20 hPa ごとに太線にする。

❼ **高気圧**…まわりより気圧が高いところ。

❽ **低気圧**…まわりより気圧が低いところ。

● 天気と気象要素

晴れの日は，気温と湿度の変化は逆の関係にある。気圧が低くなると天気は悪くなる。

Step 1　基礎力チェック問題

解答 別冊 p.15

1 次の〔　　〕にあてはまるものを選ぶか，あてはまる言葉を書きなさい。

☑ (1) 雲量は，空全体を〔 10　100 〕としたときの雲が占める割合をいい，雲量が 0〜1 のときの天気を〔 快晴　晴れ 〕とする。

☑ (2) 天気記号で，○は〔 快晴　晴れ 〕，◎は〔 雨　くもり 〕を表す。

☑ (3) 気圧が等しい地点を結んだ曲線を〔　　　　　　〕といい，まわりより気圧が高いところを〔　　　　　　〕，気圧が低いところを〔　　　　　　〕という。

☑ (4) 気圧が低くなると天気は〔 悪く　よく 〕なる。

得点アップアドバイス

1

おもな天気記号はしっかり覚えておこう。

2 【気温・湿度の測定】
図1は，あるときの乾湿計の示度を表したものである。また，図2は，湿度表の一部を表している。これについて，次の問いに答えなさい。

📈 得点アップアドバイス

2

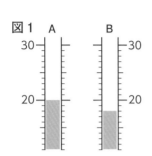

図2

乾球の示度〔℃〕	乾球と湿球の示度の差〔℃〕				
	0	1.0	2.0	3.0	4.0
25	100	92	84	76	68
24	100	91	83	75	68
23	100	91	83	75	67
22	100	91	82	74	66
21	100	91	82	73	65
20	100	91	81	73	64
19	100	90	81	72	63
18	100	90	80	71	62

☑(1) 気温を測定するとき，地上から約何 m の高さで測定するのがよいか。
〔　　　　　〕

☑(2) 図1の乾湿計で，湿球を示しているのは，A，Bのどちらか。
〔　　　　　〕

☑(3) このときの湿度は何％か。　　　　〔　　　　　〕

(2) 湿球の球部には水でしめらせた布が巻いてある。

(3) 湿度表は，乾球の示度と，乾球と湿球の示度の差の交点を読む。

3 【天気図の読みとり】
右の図は，ある地点での天気図の一部である。この図を見て，次の問いに答えなさい。

☑(1) A地点での気圧は何 hPa か。
〔　　　　　〕

☑(2) B地点とC地点での風力はどちらが大きいか。　〔　　　　　〕

☑(3) B地点での天気，風向，風力を読みとれ。
天気〔　　　　　〕　風向〔　　　　　〕
風力〔　　　　　〕

3

✓確認 **等圧線の性質**

● 途中で枝分かれしたり，消えたりすることはない。

● 全体としてなめらかな曲線である。

● たがいに交わることはない。

4 【天気と気象要素】
右の図は，晴れの日と雨の日の2日間の気温，湿度，気圧を測定した結果を表したグラフである。次の問いに答えなさい。

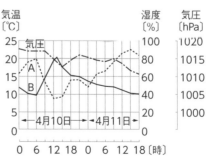

☑(1) 気温の変化を表しているのはA，Bのどちらか。　〔　　　　　〕

☑(2) 雨の日は 10 日，11 日のどちらか。　〔　　　　　〕

4

(1) 晴れのとき，気温と湿度は逆の変化をし，気温が上がると湿度が下がる。

(2) 雨の日は気温の変化が小さくなる。また，湿度が高く，気圧が低くなる。

3章／天気とその変化

1 気象の観測

1 【気温の測定方法】
屋外の日光が当たっているところで，気温を測定する適切な方法はどれか。次のア〜エから1つ選び，記号で答えなさい。

〔　　　　　　　〕

✓よくでる　　ア　高さ 1.0 m のところで，温度計を太陽の方向に向け，風通しのよい場所で測定する。
　　イ　高さ 1.0 m のところで，温度計をノートでつくった影の中に入れ，風通しのよい場所で測定する。
　　ウ　高さ 1.5 m のところで，温度計を太陽の方向に向け，風通しのよい場所で測定する。
　　エ　高さ 1.5 m のところで，温度計をノートでつくった影の中に入れ，風通しのよい場所で測定する。

2 【天気記号】
天気記号の○で表される天気のとき，空全体を占める雲量はいくらか。次のア〜エから適切なものを1つ選び，記号で答えなさい。

〔　　　　　　　〕

　　ア　0〜1　　　　　イ　2〜5
　　ウ　6〜8　　　　　エ　9〜10

3 【気象観測と気圧】
気象観測について，次の問いに答えなさい。

ミス注意　(1)　ある日の天気は，くもり，風向・南東，風力4であった。これを下の図に，天気図記号で表せ。
　(2)　気圧の単位は，次のア〜エのどれを用いるか。記号で答えよ。　　　　　〔　　　　　　　〕
　　ア　cm/s
　　イ　Ω（オーム）
　　ウ　hPa
　　エ　J（ジュール）

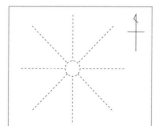

4 【天気と天気記号】
次の(1)〜(5)の天気を書きなさい。また，天気記号はどれか。次ページのア〜クから1つずつ選び，記号で答えなさい。
(1)　降水がなく，雲が空全体の 90% をおおっている。

天気〔　　　　　　〕記号〔　　　　　　〕

(2) 降水がなく，霧が発生している。

天気〔　　　　〕記号〔　　　　〕

(3) 雲が空全体をおおい，強い雨が降っている。

天気〔　　　　〕記号〔　　　　〕

(4) 降水がなく，雲が空全体の10%をおおっている。

天気〔　　　　〕記号〔　　　　〕

(5) 雲が空全体をおおい，雪が降っている。

天気〔　　　　〕記号〔　　　　〕

ア ○　イ ●　ウ ◒　エ ⊗　オ ◑　カ ◎　キ ◉　ク △

【天気図の読みとり】

⑤ 右の図は，日本付近の等圧線のようすの一部を示したものである。これについて，次の問いに答えなさい。

✓よくでる (1) A地点の気圧はいくらか。単位もつけて答えよ。

〔　　　　　　　　〕

(2) 高気圧は，B，Cのうちのどちらか。

〔　　　　　　　　〕

(3) Dの天気図記号を見て，風向，風力を書け。

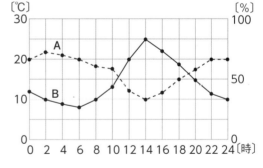

風向〔　　　　　　　〕 風力〔　　　　　　　〕

入試レベル問題に挑戦

【気温と湿度の1日の変化】

⑥ 右の図は，ある日の気温と湿度の観測結果をグラフに表したものである。次の問いに答えなさい。

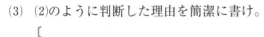

(1) 気温の変化を表しているのはA，Bのどちらか。〔　　　　〕

(2) この日の天気を次のア～ウから1つ選び，記号で答えよ。〔　　　　〕

ア 晴れ　イ くもり　ウ 雨

(3) (2)のように判断した理由を簡潔に書け。

〔　　　　　　　　　　　　　　　　　　　　　　　　　　　　　〕

(4) この日の2時，8時，24時のうち，乾球温度計の示度と湿球温度計の示度の差が最も大きかったのは何時か。その時刻を答えよ。　〔　　　　　　　〕

ヒント

(4) 乾球温度計と湿球温度計の差が小さいほど湿度は高くなる。

2 圧力と大気圧，気圧と風

攻略のコツ 圧力の計算問題をマスターし，高気圧・低気圧での気流・風向をつかむ。

テストに出る！ **重要ポイント**

● 圧力と大気圧

❶ 圧力…1 m² あたりの面を垂直に押す力。単位は**パスカル(Pa)**。

❷ 圧力を求める公式

$$圧力〔Pa〕 = \frac{面を垂直に押す力〔N〕}{力がはたらく面積〔m²〕}$$

❸ 大気圧（気圧）…大気の重さによる圧力。1 気圧 ≒ 1013 hPa

● 気圧と風

❶ 風のふき方…風は気圧の高いところから低いところに向かってふく。

❷ 等圧線の間隔と風…等圧線の間隔がせまいところほど風は強い。

❸ 高気圧…中心付近では**下降気流**が生じ，中心から風が時計回りにふき出す。

❹ 低気圧…中心付近では**上昇気流**が生じ，中心に向かって風が反時計回りにふきこむ。

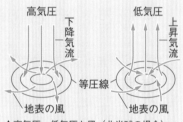

↑高気圧・低気圧と風（北半球の場合）

Step 1 基礎力チェック問題

解答▶ 別冊p.15

1 次の〔　　　〕にあてはまるものを選ぶか，あてはまる言葉を書きなさい。

☑ (1) 1 m² あたりの面を垂直に押す力を〔　　　　〕という。

☑ (2) 3 m² の面に 60 N の力が垂直にはたらくとき，この面にはたらく圧力の大きさは〔　　　　〕Pa である。

☑ (3) 大気の重さによる圧力を〔　　　　〕という。

☑ (4) 1 気圧は，約〔　1000　　1013　　1200　〕hPa である。

☑ (5) 等圧線の間隔が〔　広い　　せまい　〕ほど強い風がふき，風力は〔　大きくなる　　小さくなる　〕。

☑ (6) 高気圧の中心付近では〔　上昇　　下降　〕気流が生じ，風は〔　時計回り　　反時計回り　〕に〔　ふき出す　　ふきこむ　〕。

☑ (7) 低気圧の中心付近では〔　上昇　　下降　〕気流が生じ，風は〔　時計回り　　反時計回り　〕に〔　ふき出す　　ふきこむ　〕。

得点アップアドバイス

1

(1) 面を垂直に押す力の大きさに比例し，力のはたらく面積に反比例する。

(3) 海面からの高さが増すと，小さくなる。

(5) 風は等圧線に垂直にふかず，北半球では右にそれる。

(6) 高気圧が近づくと天気はよくなり，晴れることが多い。

2 【圧力】

質量1200gの図のような直方体がある。これについて，次の問いに答えなさい。ただし，100gの物体にはたらく重力の大きさを1Nとする。

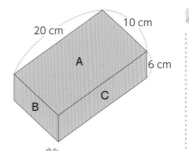

3章 天気とその変化

2 圧力と大気圧，気圧と風

得点アップアドバイス

2
テストで注意 **面積の単位はcm²ではなくm²**
圧力を求めるときの面積の単位はm²で，1m²＝10000cm²である。

☑(1) この直方体にはたらく重力の大きさは何Nか。　〔　　　　　〕

☑(2) A面，B面，C面をそれぞれ下にして平らな床の上に置いたとき，床が直方体から受ける圧力はそれぞれ何Paか。

A面〔　　　　〕　B面〔　　　　〕　C面〔　　　　〕

3 【大気と圧力】

大気圧について，次の問いに答えなさい。

3
(1) 大気圧がはたらく向きは，吸盤の面を横にしても壁にはりつくことから考える。

☑(1) 大気圧に関する次のア～エの文のうち，正しいものはどれか。すべて選び，記号で答えよ。　〔　　　　　〕

　ア 1気圧は海面上から高度1mの地点の気圧である。

　イ 大気圧は高度が高くなるほど小さくなる。

　ウ 大気圧は，下向きだけにはたらいている。

　エ 大気圧は，空気にはたらく重力による圧力である。

☑(2) ストローでコップの中の水を吸うことができる理由を述べた，次の文の（　　）にあてはまる言葉を書け。

　ストローの中の空気が吸われて，ストロー内部の圧力が（　①　）なる。その結果，大気圧の方が（　②　）なり，水がストローの中に移動する。　①〔　　　　〕　②〔　　　　〕

4 【気圧と風】

高気圧と低気圧について，次の問いに答えなさい。

4
ふき出すときは時計回り，ふきこむときは反時計回りだったね。

☑(1) 下の図は北半球における等圧線と風向の関係を模式的に表したものである。高気圧，低気圧と風向の関係を正しく表しているものはどれか。図のア～エから1つずつ選び，記号で答えよ。

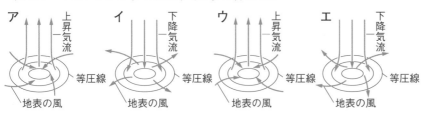

高気圧〔　　　　〕　低気圧〔　　　　〕

☑(2) くもりや雨となることが多いのは，高気圧，低気圧のどちらが近づいたときか。　〔　　　　　〕

(2) 雲は上昇気流のあるところで生じる。

1 【圧力】
右の図1は直方体で，図2は質量200gの広口びんをA，Bのように置いたものである。これについて，次の問いに答えなさい。ただし，100gの物体にはたらく重力の大きさを1Nとする。

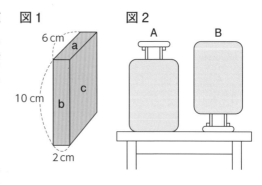

図1

図2

✓よくでる(1)　机の上に図1の直方体を置く場合，a，b，cのどの面を机の面に接して置いたときに圧力が最も大きくなるか。記号で答えよ。　　　　　　　　〔　　　　　〕

思考(2)　cの面を机に接して置き，その上にこの直方体と同じものを1個のせると，このときの圧力が1000Paであった。直方体1個の質量は何gか。

〔　　　　　〕

(3)　図2で，びんのふたの面積が50cm², びんの底の面積が100cm²であった。2本のびんにそれぞれ質量200gの水を入れたとき，これらが机の面に加える圧力は何Paか。

A〔　　　　　〕　B〔　　　　　〕

(4)　面を垂直に押す力の大きさが同じとき，力のはたらく面積を2倍にすると，圧力の大きさはどうなるか。　　　　　　　　　　　　　　　　　〔　　　　　〕

2 【大気と圧力】
ポリエチレンの空きびんに，右の図のように熱湯を入れて少ししてから，ふたをしっかりと閉めた。次に，びん全体を水で冷やすと，びんはへこんだ。次の問いに答えなさい。

(1)　びんに熱湯を加えたあと，びんの中はどのような状態になっているか。次のア～ウから1つ選び，記号で答えよ。

ポリエチレンの空きびん

熱湯

〔　　　　　〕

ア　空気が少なくなっている。
イ　水蒸気で満たされている。
ウ　二酸化炭素で満たされている。

思考(2)　びんを水で冷やした直後，びんの中の気圧と外の気圧とはどのような関係になっているか。次のア～ウから1つ選び，記号で答えよ。

〔　　　　　〕

ア　中の気圧＞外の気圧
イ　中の気圧＜外の気圧
ウ　中の気圧＝外の気圧

3 【気圧と風】

右の図は，ある日の日本付近の気圧配置を示したものである。次の問いに答えなさい。

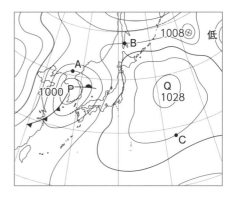

ミス注意 (1)　A地点の風向としてあてはまるものを，次のア〜エから1つ選び，記号で答えよ。

〔　　　　　　〕

ア　北東　　　　　イ　南東
ウ　南西　　　　　エ　北西

(2)　B地点の気圧は何 hPa か。

〔　　　　　　〕

✓よくでる (3)　A〜C地点で，風力が最も大きいのはどこか。

〔　　　　　　〕

(4)　(3)のように答えた理由を簡潔に書け。

〔　　　　　　　　　　　　　　　　　　　〕

(5)　P，Qの中心付近での地表の風向を模式的に表すと，どのようになっているか。それぞれ右の図のア，イから選び，記号で答えよ。

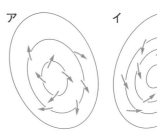

P〔　　　　　　〕
Q〔　　　　　　〕

(6)　P，Qの地表付近の天気はどちらがよいか。記号で答えよ。　〔　　　　　　〕

入試レベル問題に挑戦

4 【大気と圧力】

大気圧について，次の問いに答えなさい。

思考 (1)　1気圧の大きさは，約 100000 Pa である。これは，1 m² の面に約何 kg の物体をのせたときの圧力に等しいか。ただし，100 g の物体にはたらく重力の大きさを 1 N とする。

〔　　　　　　　　　　　　〕

(2)　富士山の5合目で，からのペットボトルにふたをして下山した。すると，麓におりたとき，ペットボトルはへこんでいた。このようになるのはなぜか。その理由を簡潔に書け。

©アフロ

〔　　　　　　　　　　　　　　　　　　　　　　　　　　〕

ヒント

(2)　麓の標高は富士山の5合目の標高より低いことに着目しよう。

リンク
ニューコース参考書
中2理科
p.186〜196

3 雲のでき方

攻略のコツ 湿度は，公式を使っても求められるようにしておこう！

テストに出る！ 重要ポイント

● **露点・飽和水蒸気量・湿度**

❶ **露点**…空気中の水蒸気の一部が凝結して水滴になるときの温度。

❷ **飽和水蒸気量**…1 m³ の空気が，その温度でふくむことのできる最大の水蒸気の質量。

❸ **湿度**…空気のしめりぐあい。％で表す。

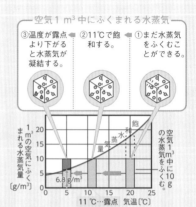

―― 空気 1 m³ 中にふくまれる水蒸気 ――
③温度が露点より下がると水蒸気が凝結する。
②11℃で飽和する。
①まだ水蒸気をふくむことができる。

6.8 g/m³
11℃…露点 気温(℃)

$$湿度〔\%〕=\dfrac{1\,m^3\,の空気にふくまれる水蒸気の質量〔g/m^3〕}{その空気と同じ気温での飽和水蒸気量〔g/m^3〕}\times100$$

● **雲のでき方**

❶ **雲のでき方**…水蒸気をふくむ空気が上昇→空気が膨張し温度が下がる→水蒸気が凝結（露点に達する）→雲ができる

❷ **上昇気流**…上昇する空気の流れ。暖気が寒気の上にはい上がるとき（前線面）や低気圧の中心，山の斜面などで発生。

● **水の循環**

地球上の水は太陽のエネルギーによって，**蒸発→凝結→降水**をくり返している。

Step 1 基礎力チェック問題

解答▶ 別冊p.16

1 次の〔 〕にあてはまるものを選ぶか，あてはまる言葉を書きなさい。

☑(1) 空気中の水蒸気の一部が水滴になる温度を〔 〕という。

☑(2) 1 m³ の空気にふくまれる最大の水蒸気の質量を〔 〕という。

☑(3) 水蒸気をふくむ空気が上昇すると，〔 膨張 圧縮 〕し，温度が〔 上がる 下がる 〕。

☑(4) (3)の空気中の水蒸気は，〔 露点 沸点 〕に達すると凝結し始めて〔 雲 雪 〕ができる。

☑(5) 雲をつくる氷の粒がとけて落ちてきたものは〔 〕である。

得点アップアドバイス

1 ⋯⋯⋯⋯⋯⋯⋯

(3) 空気は膨張すると，温度が下がり，圧縮されると温度が上がる。

(5) 雲をつくる空気の温度が 0℃以下になると氷の粒ができる。

2 【雲のでき方】

右の図のように，ペットボトルに湯気を入れ，温度計をとりつけたゴム栓（せん）でふたをしてしばらくあたためた。次にこのペットボトルをしばらく冷やすと，ペットボトルの内側がくもり始めた。次の問いに答えなさい。

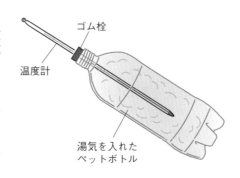

ゴム栓
温度計
湯気を入れた
ペットボトル

得点アップアドバイス

2 ……………

ペットボトルの内側がくもるのは，空に雲ができるのと同じ理由だよ。

☑(1) 内側がくもったのはなぜか。その理由を次の□の中の用語を使って説明せよ。

水滴	凝結	水蒸気

〔　　　　　　　　　　　　　　　　　　　　　　　　〕

☑(2) 内側がくもり始めたときの温度を何というか。

〔　　　　　　　　　〕

☑(3) 内側がくもったペットボトルをドライヤーであたためると，内側のくもりはどのようになるか。

〔　　　　　　　　　〕

3 【湿度と飽和水蒸気量】

右のグラフは，気温と飽和水蒸気量との関係を示したものである。グラフを見て，次の問いに答えなさい。

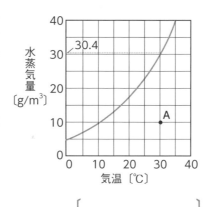

30.4

水蒸気量〔g/m³〕

A

気温〔℃〕

3 ……………

(1) 気温が30℃のときの飽和水蒸気量に対する空気にふくまれる水蒸気量の割合を求める。

☑(1) 気温が30℃で，1 m³中に16.5 gの水蒸気をふくむ空気がある。この空気の湿度は何％か。小数点以下を四捨五入して整数で答えよ。

〔　　　　　　　　　〕

☑(2) 気温が25℃になると，(1)の空気の湿度は高くなるか，低くなるか。ただし，空気中の水蒸気量は変わらないものとする。

〔　　　　　　　　　〕

(2) 気温が30℃から25℃になると，飽和水蒸気量は小さくなる。

☑(3) グラフの点Aで示される空気の露点は，およそ何℃か。次のア～エから1つ選び，記号で答えよ。

〔　　　　　　　　　〕

ア 11℃　　　イ 18℃　　　ウ 22℃　　　エ 30℃

(3) このときの水蒸気量は10 g/m³。

1 【湿度】

金属製のコップにくみ置きの水を入れ，右の図のように氷水を少しずつ入れていき，コップの中の水をかき混ぜながら，コップの表面がくもって水滴ができ始めたときの水温をはかった。このときの水温は8℃であった。次の問いに答えなさい。ただし，この実験中の気温は18℃であった。

(1) この実験で，下線部のようにくみ置きの水を用いたのはなぜか。その理由を簡潔に書け。

〔　　　　　　　　　　　　〕

(2) コップの表面にできた水滴は，空気中の何が変化してできたものか。

〔　　　　　　　　　　　　〕

✓よくでる (3) 水滴ができ始めたときの温度を何というか。

〔　　　　　　　　〕

✓よくでる (4) このときの湿度は何％か。右の気温と飽和水蒸気量の関係を示した表をもとに，小数第1位を四捨五入して整数で答えよ。

気温〔℃〕	飽和水蒸気量〔g/m³〕	気温〔℃〕	飽和水蒸気量〔g/m³〕
6	7.3	14	12.1
8	8.3	16	13.6
10	9.4	18	15.4
12	10.7	20	17.3

〔　　　　　　　　〕

2 【飽和水蒸気量】

右のグラフは，空気A，B，Cにおける気温と水蒸気量との関係を示したものである。次の問いに答えなさい。

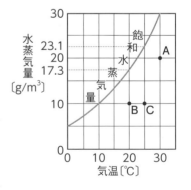

✓よくでる (1) 空気A，B，Cのうちで，最も湿度が高いのはどれか。1つ選び，記号で答えよ。

〔　　　　　　　　〕

(2) 空気Bと露点が等しい空気は，空気A，Cのどちらか。記号で答えよ。

〔　　　　　　　　〕

(3) 空気Cの湿度は何％か。小数点以下を四捨五入して整数で答えよ。

〔　　　　　　　　〕

思考 (4) 空気A～Cのかたまりが同じ高さから上昇したとする。このとき，最も低い高さで雲ができ始めるのはどれか。記号で答えよ。

〔　　　　　　　　〕

(5) 空気Aの気温が10℃になるまでには，空気1m³について，およそ何gの水蒸気が凝結するか。整数で答えよ。

〔　　　　　　　　〕

3 【水の循環】

雲の発生と，自然界での水の循環について，次の問いに答えなさい。

(1) 雲は上昇気流の中でできる。上昇気流ができる原因にあてはまるものを，次のア～エからすべて選び，記号で答えよ。　〔　　　　　〕

　　ア　空気が山の斜面に沿って上昇していく。

　　イ　空気が山の斜面に沿って下降していく。

　　ウ　昼の間，太陽の光が地面の一部をあたためる。

　　エ　あたたかい空気が，冷たい空気の上にはい上がる。

(2) 右の図は，自然界で水が循環するようすを模式的に表したものである。

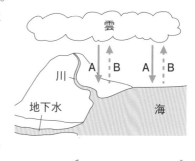

　　① 　Aの矢印で表されるものをまとめて何というか。
　　　　　　　　　　　　　　　〔　　　　　　　　　〕

　　② 　Bの矢印で表される水の移動では，水は何という状態になっているか。　〔　　　　　　　　　〕

　　③ 　このような水の循環を引き起こすもとになるエネルギーを放出しているものは何か。
　　　　　　　　　　　　　　　〔　　　　　　　　　〕

入試レベル問題に挑戦

4 【雲のでき方を調べる実験】

右の図のように，簡易真空容器にデジタル温度計と，少しふくらませて口を閉じたゴム風船を入れた。さらに中を水でしめらせて，線香のけむりを入れたあと，ピストンを引いて容器内の空気をぬいていくと，容器の中が白くくもった。これについて，次の問いに答えなさい。

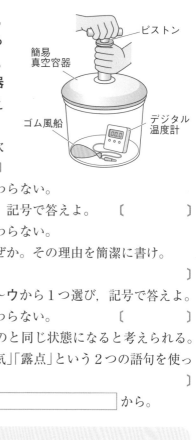

(1) 空気をぬいていくと容器内の気圧はどうなるか。次のア～ウから1つ選び，記号で答えよ。〔　　　　〕

　　ア　高くなる。　　　イ　低くなる。　　　ウ　変わらない。

ミス注意 (2) ゴム風船はどうなるか。次のア～ウから1つ選び，記号で答えよ。　〔　　　　〕

　　ア　しぼむ。　　　イ　ふくらむ。　　　ウ　変わらない。

(3) この実験で，容器に線香のけむりを入れたのはなぜか。その理由を簡潔に書け。
　　　　　　〔　　　　　　　　　　　　　　　　　　　　　　　　　〕

(4) デジタル温度計の示す値はどうなったか。次のア～ウから1つ選び，記号で答えよ。

　　ア　高くなった。　　　イ　低くなった。　　　ウ　変わらない。　〔　　　　〕

(5) 実際に雲ができるとき，容器の中が白くくもったのと同じ状態になると考えられる。次の文の　　　　にあてはまる適切な言葉を，「水蒸気」「露点」という2つの語句を使って書け。　〔　　　　　　　　　　　　　　　　　　　　　　　〕

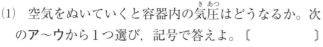

　　　上昇した空気の温度が下がって，　　　　　　　　　　　　　から。

💡 ヒント

(2) 風船の中の気圧と容器内の気圧のちがいに着目しよう。

4 前線と天気の変化

リンク
ニューコース参考書
中2理科
p.198～206

攻略のコツ 寒気は暖気より密度が大きいので，寒気が暖気の下になることをつかむ。

テストに出る! 重要ポイント

気団と前線

❶ **気団**…気温や湿度が広い範囲でほぼ一様な空気のかたまり。

❷ **前線面**…異なる2つの気団がぶつかってできる面。

❸ **前線**…前線面と地表面が交わるところ。

❹ **温帯低気圧**…日本付近にできる前線をともなう低気圧。

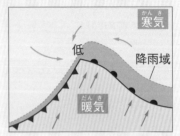
↑温帯低気圧のまわりの気団と風の動き

前線と天気の変化

❶ **寒冷前線**…寒気の勢力が暖気よりも強い前線。寒気が暖気の下にもぐりこむ。

❷ **温暖前線**…暖気の勢力が寒気よりも強い前線。暖気が寒気の上にはい上がる。

❸ **停滞前線**…寒気と暖気の勢力がほぼ等しいときにできる前線。ほとんど移動せず，ぐずついた天気が続く。

❹ **閉塞前線**…寒冷前線が温暖前線に追いついてできる前線。

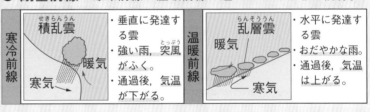

Step 1 基礎力チェック問題

解答 別冊p.17

1 次の〔　　　〕にあてはまるものを選ぶか，あてはまる言葉を書きなさい。

得点アップアドバイス

1 ‥‥‥‥‥‥‥‥‥

☑ (1) 気温や湿度がほぼ一様な空気のかたまりを〔　　　　　　　〕という。

☑ (2) 性質が異なる2つの気団がぶつかる面を〔　前線　前線面　〕といい，それが地表に接するところを〔　前線　前線面　〕という。

☑ (3) 寒冷前線が近づくと，〔　積乱雲　乱層雲　〕が発達し，〔　強い雨　おだやかな雨　〕が降る。温暖前線が近づくと，〔　積乱雲　乱層雲　〕が発達し，〔　強い雨　おだやかな雨　〕が降る。

(3) 寒冷前線は通過後，気温が下がり，温暖前線は通過後，気温が上がる。

2 【低気圧と前線】

右の図は，前線をともなう低気圧を示したものである。次の問いに答えなさい。

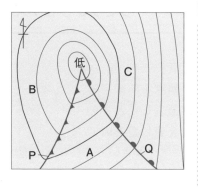

- ☑(1) A～Cの地表の地点のうち，現在，寒気におおわれているのはどこか。すべて選べ。〔　　　　　　〕
- ☑(2) P，Qの前線の名称を書け。
  - P〔　　　　　　〕
  - Q〔　　　　　　〕
- ☑(3) Pの前線付近に発達する，強い雨をもたらす，垂直に発達する雲の名称を書け。〔　　　　　　　　　〕
- ☑(4) 前線の通過前に，広い範囲で雨が降るのは，前線P，Qのどちらか。〔　　　　　　　　　〕
- ☑(5) 前線Pが前線Qに追いついたときにできる前線の名称を書け。〔　　　　　　　　　〕
- ☑(6) A地点の風向は，このあとどのように変化するか。次のア～エから1つ選び，記号で答えよ。〔　　　　　　〕
  - ア　東寄りから南寄りに変わる。
  - イ　南寄りから北寄りに変わる。
  - ウ　西寄りから北寄りに変わる。
  - エ　北寄りから南寄りに変わる。

得点アップアドバイス

2

(3) この雲によって，雷がもたらされることもある。

💡ヒント **低気圧のまわりの風**
低気圧の中心付近では，風が反時計回りにふきこんでいる。

3 【前線】

右下の図は，AとBの前線付近の垂直断面を模式的に示したものである。a－b，c－dは，それぞれ前線面を示している。次の問いに答えなさい。

- ☑(1) アとイの矢印は，いずれも空気の動きを示している。どちらの矢印があたたかい空気の動きを示しているか。記号で答えよ。〔　　　　　　〕

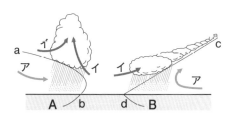

- ☑(2) AやBの前線が通過するとき，どのような天気の特徴が見られるか。次のア～エから1つずつ選び，記号で答えよ。
  - A〔　　　　　〕B〔　　　　　〕
  - ア　強い雨が降る。通過後，気温が急に上がる。
  - イ　強い雨が降る。通過後，気温が急に下がる。
  - ウ　おだやかな雨がしばらく降り続く。通過後，気温が上がる。
  - エ　おだやかな雨がしばらく降り続く。通過後，気温が下がる。

3

(1) あたたかい空気の方が冷たい空気より密度が小さい。

Aは，寒気の勢力が強く，Bは暖気の勢力が強くなっているね。

1 【前線と天気の変化】

右の図は，ある地点を前線をともなう低気圧が通過したときの気象要素の変化を表したものである。次の問いに答えなさい。

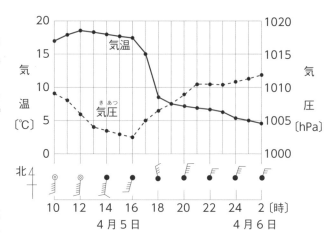

(1) 4月5日18時の，天気，風向，風力を書け。

天気〔　　　　　　　　　〕

風向〔　　　　　　　　　〕

風力〔　　　　　　　　　〕

(2) 低気圧がこの地点に最も近づいたのは，何日の何時と考えられるか。

〔　　　　　　　　　　　　　　　　〕

(3) この地点を前線が通過したのは，何日の何時から何時の間と考えられるか。次のア〜エから1つ選び，記号で答えよ。また，通過した前線の名称を書け。

ア　5日の12時から14時　　　　　　　　　　　　　　　記号〔　　　　　〕

イ　5日の16時から18時　　　　　　　　　名称〔　　　　　〕

ウ　5日の18時から20時

エ　5日の22時から24時

(4) (3)のように判断したのはなぜか。気温と風向の変化からわかることをもとに，簡潔に書け。

〔　　　　　　　　　　　　　　　　　　　　　　　　　　　　　　　　　　　　〕

2 【前線と天気の変化】

右の図はある前線の模式図である。次の問いに答えなさい。

✓よくでる (1) 図に示した前線は何か。天気図で用いる記号で答えよ。

〔　　　　　　　　　〕

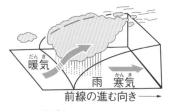

(2) この前線付近で最も発達している雲は何か。次のア〜エから1つ選び，記号で答えよ。

〔　　　　　　　　　〕

ア　積乱雲　　　　イ　乱層雲　　　　ウ　巻層雲　　　　エ　巻雲

(3) この前線が通過したあとの天気は，次のア，イのどちらのようになるか。

〔　　　　　　　　　〕

ア　雨はやみ，気温は下がる。

イ　雨はやみ，気温が上がる。

3 【前線と天気】
右の図は，ある前線の記号を表したものである。次の問いに答えなさい。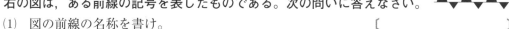

(1) 図の前線の名称を書け。 〔　　　　　　〕

(2) 図の前線はどのようにしてできるか。次のア～ウから1つ選び，記号で答えよ。
　ア　寒気の勢力が暖気の勢力より強いとき 〔　　　　　　〕
　イ　暖気の勢力が寒気の勢力より強いとき
　ウ　寒気の勢力と暖気の勢力が等しいとき

(3) 図の前線付近では，どのような天気になることが多いか。次のア～ウから1つ選び，記号で答えよ。 〔　　　　　　〕
　ア　晴天の日が続く。　　イ　雪の日が続く。　　ウ　ぐずついた天気が続く。

入試レベル問題に挑戦

4 【前線と天気の変化】
前線の通過にともなう気温，湿度，気圧の変化を調べた。図1は，観測結果をグラフに表したもの，図2は，この日の12時ごろに見えた雲の写真である。次の問いに答えなさい。

(北海道)

図1

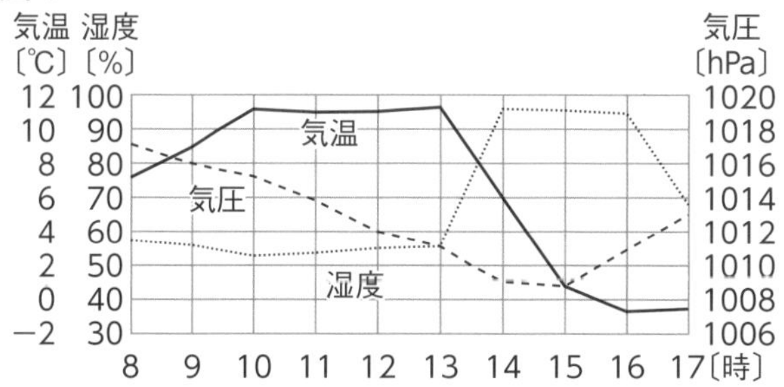

気温 湿度
〔℃〕〔%〕　　　　　　　　　　　　　　　　気圧〔hPa〕

図2

思考 (1) 観測結果から推定されるこの日の12時における寒気と暖気のようすについて，観測点（•）を通る東西方向の断面の模式図はどれか。次のア～エから1つ選び，記号で答えよ。 〔　　　　　　〕

ア　　　　　　　イ　　　　　　　ウ　　　　　　　エ

寒気　暖気　　　寒気　暖気　　暖気　寒気　　暖気　寒気
西　　　東　　　西　　　東　　西　　　東　　西　　　東

(2) 図2のような雲は，前線付近で発生した上昇気流によって生じるが，夏の日に雷をともなうにわか雨が降る夕立のときにも見られる。夕立のときの雲をつくる上昇気流は，平野部ではどのように生じるか書け。
〔　　　　　　　　　　　　　　　　　　　　　　　　〕

　ヒント

(1) グラフから気温や気圧の変化を読みとり，どんな前線がいつごろ通過したかを考えるようにする。

攻略のコツ　気圧配置を読みとって季節を判断する。

リンク
ニューコース参考書
中2理科
p.208〜220

テストに出る！ **重要ポイント**

● **大気の動き**

❶ **偏西風**…日本をふくむ中緯度帯の上空にふく強い西風。日本付近の天気は，偏西風によって，西から東に移動する。

❷ **季節風**…季節によってふく特徴的な風。

・冬…大陸→海，北西の風。　　・夏…海→大陸，南東の風。

● **日本の天気**

❶ 冬の天気…**シベリア気団**の影響を受ける。**西高東低**の気圧配置。日本海側では雪，太平洋側では晴れの日が多い。

大陸に高気圧がある。
太平洋側に低気圧がある。
高
×
1038
低
×
964
等圧線が南北にのびる。

↑冬の天気図

❷ 春と秋の天気…**移動性高気圧**と低気圧が交互に通過する。天気は周期的に変わる。

❸ つゆと秋雨…日本列島に東西に**停滞前線（梅雨前線・秋雨前線）**がのびる。雨が降り続く日が多くなる。

❹ 夏の天気…**小笠原気団**をつくる高気圧におおわれる。**南高北低**の気圧配置。蒸し暑い日が続く。

❺ 台風…熱帯低気圧のうち，最大風速が 17.2 m/s 以上のもの。大量の雨と強い風をもたらす。前線はともなわない。

Step 1　基礎力チェック問題

解答　別冊p.18

1 次の〔　　〕にあてはまるものを選ぶか，あてはまる言葉を書きなさい。

☑(1)　冬の日本付近で発達する気団は〔　　　　　〕で，冬の気圧配置は〔　西高東低　　南高北低　〕である。

☑(2)　日本の春や秋には，〔　温帯性　　熱帯性　　移動性　〕高気圧と低気圧が交互におとずれる。

☑(3)　日本列島付近に東西に〔　　　　〕前線ができると，雨が降り続く。

☑(4)　夏に発達する気団は〔　　　　　〕で，この気団は，気温が〔　高く　　低く　〕，湿度が高い。

☑(5)　台風は〔　　　　　〕低気圧が発達したもので，強い風や大量の〔　　　　　〕をともなう。

得点アップアドバイス

1 ....

(2)　この高気圧と低気圧は，西から東へと動いていく。そのため，日本の春と秋の天気は西から東へと周期的に変わっていくことが多い。

(4)　陸上の気団は乾いていて，海上の気団はしめっている。

2 【日本の天気】
右の図は，日本付近のある季節の気圧配置を示したものである。次の問いに答えなさい。

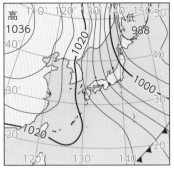

☑ (1) 図のような気圧配置が最も多く現れるのは，次のア～エのどの季節か。記号で答えよ。

〔　　　　　　　〕

ア　春と秋　　　イ　つゆ　　　ウ　夏　　　エ　冬

☑ (2) 図中の高気圧の空気は，どのような性質をもっているか。気温と湿度について，高い，低いのどちらかで示せ。

気温〔　　　　　　〕　湿度〔　　　　　　〕

☑ (3) このような気圧配置のとき，日本にふく季節風の風向を書け。

〔　　　　　　　　　〕

☑ (4) このような気圧配置のとき，日本海側では，どのような天気の日が多いか。雨以外に，最も多いと思われる天気を天気記号でかけ。

〔　　　　　　　　　〕

☑ (5) このような気圧配置のとき，太平洋側での湿度は，一般に高いか，低いか。

〔　　　　　　　　　〕

得点アップアドバイス

2 ‥‥‥‥‥‥‥‥

ヒント 高気圧と低気圧の位置に注意

北海道付近に低気圧，大陸側に高気圧がある。また，等圧線が南北にのび，間隔がせまくなっている。

(2) 気団の気温は，緯度に関係している。

(5) 冬の季節風の風向や，日本海側の天気と関連づけて考える。

3 ‥‥‥‥‥‥‥‥

3 【天気の変化】
次の図1～図3は，3日連続して午前9時に作成した天気図を日付に関係なく並べたものである。あとの問いに答えなさい。

図1　　図2　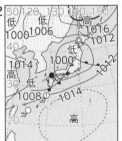　図3　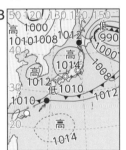

☑ (1) 図1のPの前線の名称と，Qのように移動する高気圧の名称を書け。

P〔　　　　　　　〕　Q〔　　　　　　　〕

☑ (2) 図1～図3を日付の順に並べるとどうなるか。図の番号を，日付の早い日から順に並べて示せ。　〔　　→　　→　　〕

☑ (3) この3日間のうち，東京で雨が降ったのは，次のア～エのうちのいつと考えられるか。1つ選び，記号で答えよ。　〔　　　　　　〕

ア　1日目の夜　　　　イ　2日目の昼
ウ　2日目の夜　　　　エ　3日目の昼

雨が降る範囲は前線付近のどのあたりだったかな？

1 【大気の動き・日本の天気】
図は，日本のいくつかの時期の天気図である。次の問いに答えなさい。

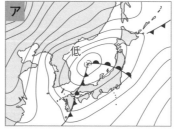
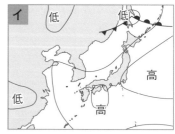
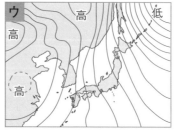
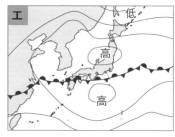

✔よくでる (1) 冬型の気圧配置を表しているものはア～エのどれか。

〔　　　　　〕

思考 (2) 春のはじめごろ，関東地方に突風を生じさせる気圧配置を表しているものはア～エのどれか。

〔　　　　　〕

(3) 夏型の気圧配置を表しているものはア～エのどれか。

〔　　　　　〕

(4) 日本の場合，高気圧や低気圧はおおむね西から東へ移動する。この原因となる，日本上空にふく強い風を何というか。その風の名称を答えよ。

〔　　　　　〕

2 【日本の天気・気団】
右の図はある日の天気図である。次の問いに答えなさい。

✔よくでる (1) 季節はいつか。次のア～エから1つ選び，記号で答えよ。　〔　　　　　〕
ア　春　　イ　夏　　ウ　秋　　エ　冬

(2) この時期に，日本列島の天気に最も影響をおよぼす気団は何か。次のア～ウから1つ選び，記号で答えよ。　〔　　　　　〕
ア　オホーツク海気団　　イ　小笠原気団
ウ　シベリア気団

(3) 大阪の天気と風向をそれぞれ答えよ。

天気〔　　　　　〕　風向〔　　　　　〕

(4) 太平洋上の低気圧から南西にのびる前線は何というか。次のア～ウから1つ選び，記号で答えよ。　〔　　　　　〕
ア　温暖前線　　　イ　寒冷前線　　　ウ　停滞前線

3 【天気の変化】

次の図1〜図3は，日本の異なる季節の典型的な天気図を示したものである。これについて，あとの問いに答えなさい。

図1

図2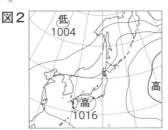

図3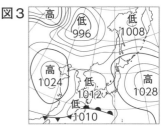

(1) 図1〜図3はそれぞれどの季節の天気図か。次のア〜エから1つずつ選び，記号で答えよ。　　　　　　　図1〔　　　　〕　図2〔　　　　〕　図3〔　　　　〕

ア　春・秋　　　　イ　夏　　　　ウ　冬　　　　エ　つゆ

(2) 図2の天気図で，日本に影響を与えている気団の名称を書け。

〔　　　　　　　　〕

(3) (2)の気団の性質を，次のア〜エから1つ選び，記号で答えよ。　　〔　　　　〕

ア　あたたかく乾いている。　　　　イ　あたたかくしめっている。

ウ　冷たく乾いている。　　　　　　エ　冷たくしめっている。

入試レベル問題に挑戦

4 【日本の天気】

右の図は，秋のある日の午前9時の天気図である。この天気図には，九州の西の海上に移動性高気圧があった。次の問いに答えなさい。

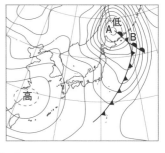

(1) 図のABの部分の前線の名称を書け。〔　　　　　　〕

(2) 翌日の九州地方の天気はどうなると予想されるか。最も適当なものを次のア〜エから1つ選び，記号で答えよ。

〔　　　　　　〕

ア　広い範囲にわたって積乱雲が発生し，激しい雨と風になる。

イ　雲が広がり，冷たく乾燥した強風がふく。

ウ　おだやかに晴れる。

エ　晴れるが，南からの風により気温・湿度ともに高くなり，にわか雨が降りやすくなる。

(3) 次の文中の□□にあてはまる最も適当な言葉はどれか。下のア〜ウから選び，記号で答えよ。

　　図のような，移動性高気圧が日本にやってくるようになるのは，夏の間，勢力の強かった□□気団が弱まったためである。　　　　　　　　　　　〔　　　　　　〕

ア　シベリア　　　イ　小笠原　　　ウ　オホーツク海

　ヒント

(2) 九州地方の西の海上に高気圧があることに注目する。

定期テスト予想問題 ④

時間 50分
解答 別冊p.18

得点
／100

---

1 富士山の山頂付近での大気圧は約650 hPaである。これについて，次の問いに答えなさい。

【(2) 5点, (1)(3)(4) 4点×3】

(1) 海面上の大気圧は1気圧で，約1013 hPaである。富士山の山頂付近の大気圧がこれより小さいのはなぜか。「標高が高いと」という言葉に続けて簡潔に書け。

思考(2) 富士山の山頂より上にある空気の質量は，$1 m^2$あたり約何kgか。ただし，100 gの物体にはたらく重力を1 Nとする。

(3) 富士山に登るとき，麓で密封されたスナック菓子の袋を持参した。富士山の山頂に着いたとき，袋はどのようになっているか。次のア～ウから1つ選び，記号で答えよ。
　ア　ふくらんでいる。　　　イ　しぼんでいる。　　　ウ　変わらない。

思考(4) 水が沸騰する温度は，水の中から出てくる水蒸気の圧力と水面を押す大気圧の大小によって変化する。このことから，富士山の山頂で水が沸騰する温度はどうなると考えられるか。次のア～ウから1つ選び，記号で答えよ。
　ア　100℃より高くなる。　　イ　100℃より低くなる。　　ウ　100℃のまま変わらない。

(1)	標高が高いと				
		(2)		(3)	(4)

---

2 右の図は，ある日の午前9時の日本付近の天気図である。次の問いに答えなさい。

【3点×4】

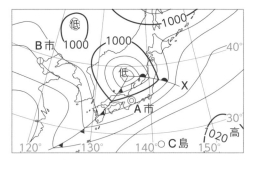

(1) A市，B市，C島のうち，風が最も強いのはどこか。

(2) A市の風向はどの方位と考えられるか。最も近いものを，次のア～エから1つ選び，記号で答えよ。
　ア　北東　　　イ　北西　　　ウ　南東　　　エ　南西

(3) Xの前線を何というか。名称を書け。

(4) この日の午後，A市の天気はどのようになると考えられるか。次のア～ウから1つ選び，記号で答えよ。
　ア　乱層雲が広がり，しとしとと弱い雨が降る。
　イ　雲ひとつない晴天になる。
　ウ　積乱雲が発達して，強い雨が降る。

(1)		(2)		(3)		(4)	

3 金属製のコップの中にくみ置きの水を入れ，息をかけない ように注意しながら，図のように氷を入れた試験管でかき 混ぜて水温を下げていった。その結果，水温が 21 ℃になっ たとき，金属製のコップの表面に水滴がつき始めた。この ときの室温は 25 ℃であった。下の表を参考にして，あとの 問いに答えなさい。 【3点×3】

気温〔℃〕	19	20	21	22	23	24	25	26
飽和水蒸気量〔g/m³〕	16.3	17.3	18.3	19.4	20.6	21.8	23.1	24.4

(1) この実験において，金属製のコップを使うのはなぜか。次の**ア**～**エ**から１つ選び， 記号で答えよ。

ア ガラスより割れにくいから。 **イ** 光を通さないから。

ウ 熱を伝えやすいから。 **エ** 電気をよく通すから。

(2) 実験のように，空気中にふくまれる水蒸気が水滴に変わり始めるときの空気の温度 を何というか。

(3) 実験を行ったときの室内の湿度は何％になるか。次の**ア**～**エ**から１つ選び，記号で答えよ。

ア 60％ **イ** 65％ **ウ** 71％ **エ** 79％

(1)		(2)		(3)	

4 右の表とグラフは，気温 と飽和水蒸気量の関係を 示したものである。次の 問いに答えなさい。 【3点×4】

気温〔℃〕	飽和水蒸気量〔g/m³〕
5	6.8
10	9.4
15	12.8
20	17.3
25	23.1
30	30.4

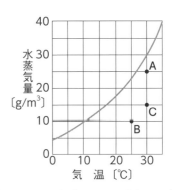

(1) 空気 **A**，**B**，**C**のう ちで，湿度が最も低い のはどれか。記号で答 えよ。

(2) 気温 30 ℃で空気 1 m³ 中に 15.2 g の水蒸気がふくまれているとき，この空気 1 m³ に はあと何 g の水蒸気をふくむことができるか。

(3) (2)の空気の湿度は何％か。

(4) 気温が 20 ℃で，湿度が 80％の空気 1 m³ 中には何 g の水蒸気がふくまれているか。 小数第 2 位を四捨五入して，小数第 1 位まで求めよ。

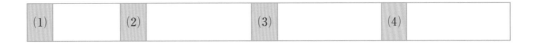

(1)		(2)		(3)		(4)	

5 図1は，日本付近のある日の18時における気圧配置図である。図2は，図1のA地点における4時から20時までの総雨量の記録である。これらを見て，次の問いに答えなさい。

【3点×8】

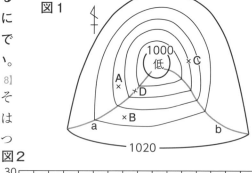

図1

(1) この低気圧は温帯低気圧で，a，bはそれぞれ前線を示している。a，bにあてはまる前線の記号を次のア～エから1つずつ選び，記号で答えよ。

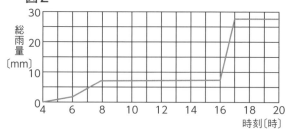

図2

(2) 右のグラフより，A地点で，寒冷前線による雨が降り出した時刻を答えよ。

(3) (2)のとき，上空をおおって雨を降らせた雲は，何という雲か。次のア～エから1つ選び，記号で答えよ。
　　ア　巻雲　　　　イ　乱層雲　　　　ウ　積雲　　　　エ　積乱雲

(4) 図1のA～C地点のうち，最も風力が小さいと考えられるのはどこか。また，そのように考えた理由は何か。簡潔に書け。

(5) 図1のA～C地点のうち，最も気温が高いと考えられるのはどこか。

(6) 図1のD地点における，この前線の東西方向の断面の模式図として，最も適当なものを，次のア～エから1つ選び，記号で答えよ。

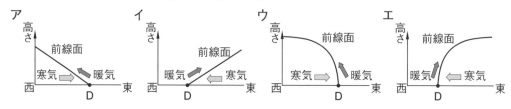

(1) a		b		(2)		(3)	

(4)		理由					

				(5)		(6)	

6 K子さんたちは，自然観察をするために，風のない快晴の日に川沿いを下ってきた。次の問いに答えなさい。

【2点×3】

(1) 朝方，上流の深い谷のあたりでは，霧が発生していたが，少し下ったあたりでは，霧はすでに消えていた。霧が消えた原因として，気温と湿度はそれぞれどのように変化したからだと考えられるか。上がった，下がった，のどちらかで答えよ。

(2) 霧が消えたときの状態変化について，正しいものを次の**ア**〜**エ**から１つ選び，記号で答えよ。

ア 水蒸気から氷への変化　　　　**イ** 水蒸気から水滴への変化

ウ 水滴から氷への変化　　　　　**エ** 水滴から水蒸気への変化

(1)	気温	湿度	(2)	

7 右の図は，日本に影響を与える３つの気団を表している。次の問いに答えなさい。

【2点×6】

(1) **A**〜**C**の気団のうち，つゆに影響を与える冷たい気団はどれか。記号で答えよ。

(2) **A**〜**C**の気団のうち，冬に影響を与える気団はどれか。記号で答えよ。

(3) (2)の気団はどのような特徴があるか。次の**ア**〜**エ**から１つ選び，記号で答えよ。

ア 気温が高く，乾いている。　　　　**イ** 気温が高く，しめっている。

ウ 気温が低く，乾いている。　　　　**エ** 気温が低く，しめっている。

(4) **A**〜**C**の気団の名称を答えよ。

	(1)		(2)		(3)	
(4)	A		B		C	

8 下の図は，ある地点における４月の連続した３日間の午前９時の天気図である。天気図１〜天気図３は，日付順に並んでいるとはかぎらない。これについて，あとの問いに答えなさい。

【2点×4】

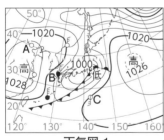
天気図１

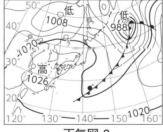
天気図２

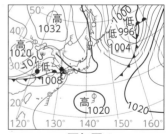
天気図３

(1) 天気図１の中の**A**，**B**，**C**の３地点を，気圧の高い順に並べよ。

(2) 天気図１〜天気図３を，日付の早いものから順に並べよ。

(3) (2)のように考えた理由は何か。「偏西風」という言葉を使って，簡潔に書け。

(4) 天気図１〜天気図３に見られるような前線をともなった低気圧を何というか。

(1)	→ →	(2)	天気図 →天気図 →天気図	
(3)			(4)	

1 電気の利用

リンク
ニューコース参考書
中2理科
p.234～237,
238～239,
244～245

攻略のコツ 電流計は直列，電圧計は並列につなぐことをおさえる。

テストに出る！ **重要ポイント**

● **回路**

❶ **回路**…電流が流れる道すじ。

❷ **直列回路**…電流の通り道が1本の回路。

❸ **並列回路**…途中で分かれる部分がある回路。

❹ **回路図**…電気用図記号で回路を表したもの。

↓電気用図記号

電源（長い方が＋極）　電球　電熱線または抵抗器
スイッチ　電流計　電圧計

直列回路

並列回路

● **電流・電圧**

❶ **電流**…電気の流れ。単位は **A**，**mA**

❷ **電圧**…電流を流そうとするはたらき。単位は **V**

❸ **電流計と電圧計の使い方**…電源の＋極側を＋端子に，－極側を－端子につなぐ。

・電流計…はかりたい部分に直列につなぐ。

・電圧計…はかりたい部分に並列につなぐ。

↓電流計・電圧計の目盛りの読みとり方

（上が電流計，下が電圧計）

最小目盛りの10分の1まで読みとる。

電流・電圧の大きさが予想できないときは，最大の－端子につなぐ。

Step 1　基礎力チェック問題

解答▶ 別冊p.19

1 次の〔　〕にあてはまるものを選ぶか，あてはまる言葉を書きなさい。

☑(1)　電気の通り道が1本の回路を〔　　　　　〕回路，途中で分かれる部分がある回路を〔　　　　　〕回路という。

☑(2)　右の電気用図記号のアは〔　　　　　　〕，イは〔　　　　　　〕を表す。

☑(3)　豆電球に加わる電圧の大きさをはかろうとするとき，電圧計は，豆電球と〔　直列　　並列　〕につなぐ。

得点アップアドバイス

1

(3)　電流計ははかりたい部分に直列につなぐ。

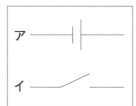

ア

イ

2 【回 路】

右の図1，図2の回路図について，次の問いに答えなさい。

図1

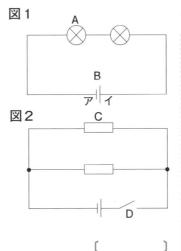

図2

☑ (1) 図のA～Dの電気用図記号は，何を表しているか。それぞれ答えよ。

A 〔　　　　　　　〕
B 〔　　　　　　　〕
C 〔　　　　　　　〕
D 〔　　　　　　　〕

☑ (2) 図1のBで，＋極を表しているのはア，イのどちらか。

〔　　　　　　　〕

☑ (3) 電流が流れている回路は図1，図2のどちらか。

〔　　　　　　　〕

(3) スイッチに注目しよう。

☑ (4) 図1，図2のようなつなぎ方の回路を何というか。それぞれ答えよ。

図1〔　　　　　　　〕図2〔　　　　　　　〕

(4) 電流の通り道が1本になっているのは直列回路，分かれる部分があるのは並列回路。

3 【回路図】

電池，電球，スイッチ，電流計，電圧計のいくつかを導線につないで，図1，図2のような回路をつくった。これらの回路を，電気用図記号を用いて，それぞれ回路図で表しなさい。

確認 ショート回路

電源の＋極と－極を直接つないだ回路をいう。大きい電流が流れて危険なので，そのようなつなぎ方はしないこと。

テストで注意 電流計・電圧計のつなぎ方

電流計ははかりたい部分に直列につなぐ。電圧計ははかりたい部分に並列につなぐ。

☑ 図1

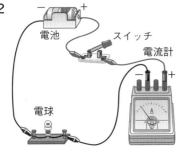

☑ 図2

電気用図記号はしっかり覚えよう。

1 【電流計と電圧計】

電熱線に流れる電流と，加わる電圧を測定するため，図1のように電源装置，スイッチ，電熱線を導線でつないだ。次の問いに答えなさい。

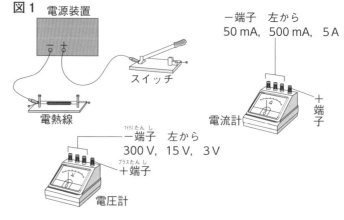

図1 電源装置　スイッチ　電熱線

－端子　左から
50 mA，500 mA，5 A
電流計　＋端子

－端子　左から
300 V，15 V，3 V
＋端子
電圧計

ミス注意 (1) 電流計と電圧計は，どのようにつなげばよいか。導線をかいて，図1を完成させよ。ただし，電流の大きさと電圧の大きさは予想がつかないものとする。

思考 (2) (1)のようにつないでスイッチを入れたところ，電流計，電圧計は図2のようになった。正確な値を測定するためには，どのような操作を行えばよいか。次のア〜エから選び，記号で答えよ。

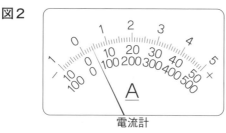

図2

電流計　　　　　電圧計

〔　　　　　〕

ア　電流計の－端子は50 mA，電圧計の－端子は3 Vにつなぎ直す。

イ　電流計の－端子は500 mA，電圧計の－端子は15 Vにつなぎ直す。

ウ　電流計の－端子は5 A，電圧計の－端子は300 Vにつなぎ直す。

エ　電流計の－端子は500 mA，電圧計の－端子は3 Vにつなぎ直す。

よくでる (3) 電流計・電圧計を正しくつないだ回路図はどれか。次のア〜エから1つ選び，記号で答えよ。　　　〔　　　　　〕

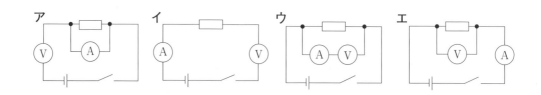

ア　　　　　イ　　　　　ウ　　　　　エ

2 【回路の電流・電圧】

図1のように電熱線A，Bをつなぎ，電源装置の電圧を3Vにして，回路の各点を流れる電流，各部分に加わる電圧を測定した。図2は，点Pを流れる電流を測定したときの電流計を，図3は電熱線Aに加わる電圧を測定したときの電圧計を示している。次の問いに答えなさい。

図1　　　　　　　　図2　　　　　　　　　　　　図3

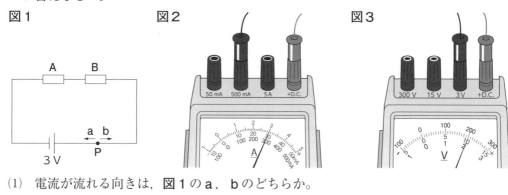

(1)　電流が流れる向きは，図1のa，bのどちらか。

　　　　　　　　　　　　　　　　　　　　　　　　〔　　　　　　　〕

(2)　図2，図3が示す値をそれぞれ読みとれ。

　　　　　　　　　　　図2〔　　　　　　　〕図3〔　　　　　　　〕

(3)　電熱線に流れる電流をはかるとき，電流計を電熱線に並列につないではいけない。その理由を簡単に書け。

〔　　　　　　　　　　　　　　　　　　　　　　　　　　　　　　　　〕

入試レベル問題に挑戦

3 【回路図】

下の図は，鉛筆のしんA，Bに流れる電流と電圧の関係を調べている。電流計と電圧計の電気用図記号を用いて，この装置の回路図を完成させなさい。

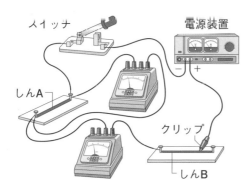

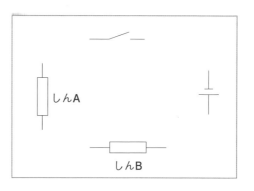

🔗 リンク
ニューコース参考書
中2理科
p.238〜256

2 電流と電圧

攻略のコツ オームの法則を計算練習で自由に使いこなせるようになろう。

テストに出る! 重要ポイント

● **電流・電圧のきまり**　**❶ 直列回路の電流と電圧**

　a 電流の大きさ…回路のどの点でも同じ。　$I=I_1=I_2$

　b 電圧の大きさ…各部分に加わる電圧の和は，回路全体に加わる電圧に等しい。　$V=V_1+V_2$

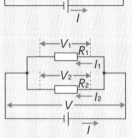

　❷ 並列回路の電流と電圧

　a 電流の大きさ…分かれたあとの電流の和は分かれる前の電流と等しい。　$I=I_1+I_2$

　b 電圧の大きさ…各部分に加わる電圧は，回路全体に加わる電圧と等しい。　$V=V_1=V_2$

● **オームの法則**　**❶ オームの法則**…電熱線を流れる電流は，その両端に加わる電圧に比例する。**電圧 V〔V〕＝抵抗 R〔Ω〕×電流 I〔A〕**

　❷ 電気抵抗（抵抗）…電流の流れにくさ。単位は Ω。

　a 直列回路…全体の抵抗の大きさは各抵抗の和。$R=R_1+R_2$

　b 並列回路…全体の抵抗の大きさは各部分の抵抗より小さい。

　$$R<R_1,\ \ R<R_2,\ \ \frac{1}{R}=\frac{1}{R_1}+\frac{1}{R_2}$$

Step 1　基礎力チェック問題

解答 ▶ 別冊p.19

1 次の〔　　〕にあてはまるものを選ぶか，あてはまる言葉を書きなさい。

☑(1) 直列回路を流れる電流の大きさは，どの点も〔　　　　　〕である。

☑(2) 直列回路の各抵抗に加わる電圧の〔　　　　　〕は，全体の電圧の大きさに等しい。

☑(3) 並列回路を流れる電流の大きさは，〔　どの部分も同じ　部分によってちがう　〕。

☑(4) 並列回路の各抵抗に加わる電圧は，全体の電圧の大きさと〔　　　　　〕。

☑(5) 電圧 V〔V〕＝抵抗 R〔Ω〕×電流 I〔A〕で表される関係を〔　　　　　〕の法則という。

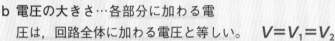

📈 **得点アップアドバイス**

1

(2) $V=V_1+V_2$ で表される。

(4) $V=V_1=V_2$ で表される。

2 【電流・電圧のきまり】

右の図1，図2のような回路で，電熱線に流れる電流や電熱線に加わる電圧を調べた。次の問いに答えなさい。

図1

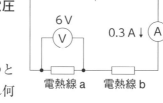

6 V　0.3 A↓ Ⓐ

電熱線a　電熱線b

☑ (1) 図1で，電流計に流れる電流が0.3 A のとき，電熱線a，bに流れる電流はそれぞれ何Aか。

電熱線a〔　　　　　　　〕
電熱線b〔　　　　　　　〕

図2　6 V

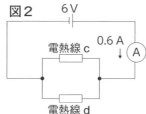

0.6 A ↓ Ⓐ

電熱線c
電熱線d

☑ (2) 図1で，電源の電圧が9 V のとき，電熱線bに加わる電圧は何Vか。

〔　　　　　　　〕

☑ (3) 図2で，電流計に流れる電流が0.6 A，電熱線cに流れる電流が0.2 Aのとき，電熱線dに流れる電流は何Aか。

〔　　　　　　　〕

☑ (4) 図2で，電熱線dに加わる電圧は何Vか。

〔　　　　　　　〕

3 【電流計・電圧計の読みとりとオームの法則】

ある電熱線に加わる電圧と電熱線に流れる電流を測定すると，電圧計・電流計の指針は次の図のようになった。これについて，あとの問いに答えなさい。

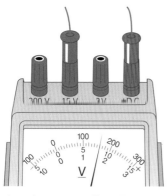
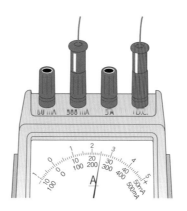

☑ (1) 電圧計が示した値を読みとれ。

〔　　　　　　　〕

☑ (2) 電流計が示した値を読みとれ。ただし，使用した－端子の単位で答えよ。

〔　　　　　　　〕

☑ (3) この電熱線の抵抗は何Ωか。　〔　　　　　　　〕

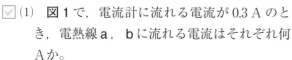

得点アップアドバイス

2
(1) 直列回路では，流れる電流の大きさはどの点でも等しい。

(2) 各部分の電圧の和が電源の電圧に等しい。

(3) 並列回路では，分かれたあとの電流の和は分かれる前の電流と等しい。

(4) どの部分に加わる電圧も電源の電圧と等しい。

3

電流計・電圧計の値は最小目盛りの10分の1まで読みとるんだったね。

テストで注意 電流の単位

オームの法則を使用して計算するときは，電流の単位は mA ではなく A を使う。

(3) オームの法則の式を変形して求める。
電圧＝抵抗×電流

$$抵抗＝\frac{電圧}{電流}$$

$$電流＝\frac{電圧}{抵抗}$$

4章／電気の世界

2 電流と電圧

1 【電圧・電流の関係とグラフ】
電源装置, 電熱線, 電流計, 電圧計, スイッチを使っ
て右の図1のような回路をつくった。スイッチを
入れ, 電源装置の電圧を調節しながら, 電熱線に
加わる電圧と電熱線に流れる電流を測定すると,
下の表のようになった。これについて, 次の問い
に答えなさい。

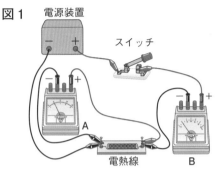

図1

表

電圧〔V〕	0	1	2	3	4	5
電流〔mA〕	0	50	100	150	200	250

✓よくでる (1) 図1で, 電流計は A, B のどちらか。

〔   〕

(2) 表をもとに, 電圧と電流の関係を表すグラフを図2
にかけ。

(3) (2)で作成したグラフから, 電圧と電流はどのような
関係にあるといえるか。

〔   〕

(4) (3)の関係を表した法則を何というか。

〔   〕

図2

（グラフ：縦軸 電流〔mA〕 0〜250, 横軸 電圧〔V〕 0〜5）

✓よくでる (5) この電熱線の抵抗は何Ωか。

〔   〕

2 【並列回路の電流・電圧】
同じ豆電球A, Bを用いて, 右の図のような回路をつ
くり, 電流を流したところ, 電流計, 電圧計はそれぞ
れ400mA, 3.0Vを示した。次の問いに答えなさい。

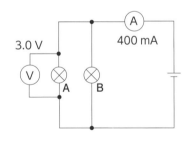

3.0 V   400 mA

(1) 豆電球Aを流れる電流は何mAか。

〔   〕

(2) 豆電球Bに加わる電圧は何Vか。

〔   〕

思考 (3) 豆電球Bをソケットからはずすと, 電流計, 電圧計はそれぞれ何mA, 何Vを示すか。

電流計〔   〕 電圧計〔   〕

思考 (4) 豆電球Bを別の豆電球Cにとりかえたところ, 電流計は500mAを示した。豆電球
Aを流れる電流の大きさはどうなるか。

〔   〕

(5) (4)のとき, 豆電球Cを流れる電流は何mAか。

〔   〕

3【回路とオームの法則】
回路とオームの法則について，次の問いに答えなさい。

(1) 右の**図1**のような回路をつくり，電流を流したところ，電流計は 0.5 A，電圧計は 6 V を示した。このときの電熱線の抵抗は何Ωか。

〔　　　　　　　〕

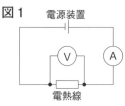

図1　電源装置
電熱線

(2) 右の**図2**のように 20 Ω と 30 Ω の電熱線を使って並列回路をつくった。点**a**を流れる電流が 0.45 A のとき，点**b**を流れる電流は何 A か。

〔　　　　　　　〕

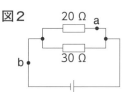

図2　20 Ω　a
30 Ω
b

(3) 右の**図3**のように，5 Ω と 10 Ω の抵抗を直列に接続した。5 Ω の抵抗を流れる電流の大きさは 0.3 A であった。このとき，電源の電圧の大きさは何 V か。

〔　　　　　　　〕

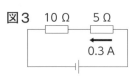

図3　10 Ω　5 Ω
0.3 A

4【直列回路・並列回路の電流・電圧とオームの法則】
電圧と電流の関係が図1のようなグラフで表される電熱線 A と電熱線 B を用いて，図2，図3のような回路をつくった。これについて，次の問いに答えなさい。

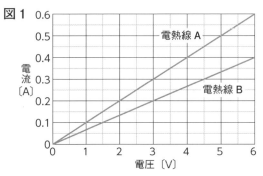

図1

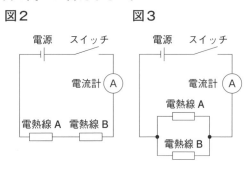

図2　　　　　図3

(1) 図2，図3の電源の電圧を同じにしたとき，最も大きな電流が流れるのは，図2，図3の電熱線 A，B のどれか。　　　　　〔　　　　　　　〕

(思考)(2) 図2の電流計が 0.2 A を示したとき，電源の電圧は何 V か。

〔　　　　　　　〕

(3) 図2の回路全体の抵抗は何Ωか。

〔　　　　　　　〕

(思考)(4) 図3の電源の電圧が 6 V のとき，図3の電流計は何 A を示すか。

〔　　　　　　　〕

(5) 図3の回路全体の抵抗は何Ωか。

〔　　　　　　　〕

5 【電圧と電流の関係】

図1のように，電圧を調整できる電源装置を用いて，抵抗の大きさが異なる電熱線A，Bに加わる電圧と流れる電流を測定した。図2は，そのときの測定結果をグラフに表したものである。また，図3のような回路をつくり，PQ間の電圧を0Vから6Vまで1Vずつ変え，電流の大きさを測定した。これについて，次の問いに答えなさい。

✓よくでる (1) 図2から，電流と電圧の間にはどのような関係があるといえるか。また，この関係を表す法則を何というか。名称を書け。

関係〔　　　　　　　　　〕

名称〔　　　　　　　　　〕

ミス注意 (2) 電熱線Bの抵抗の大きさは電熱線Aの抵抗の大きさの何倍か。次のア〜エから選び，記号で答えよ。

〔　　　　　　　　　〕

ア 2倍　　イ $\frac{1}{2}$倍　　ウ 4倍　　エ $\frac{1}{4}$倍

✓よくでる (3) 電熱線Aの抵抗は何Ωか。　〔　　　　　　　〕

思考 (4) 図3の電流計を流れる電流とPQ間の電圧の関係を表すグラフを，図4にかけ。

図1
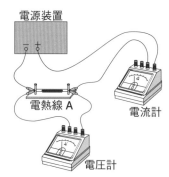

図2　電流と電圧の関係のグラフ
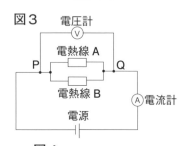

図3
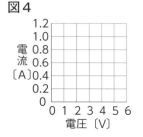

図4
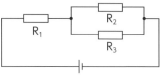

6 【回路とオームの法則】

右の図のように，3種類の抵抗 R_1，R_2，R_3 を3.2Vの電源につなぐと，R_1 を流れる電流が0.4A，R_2 を流れる電流が0.3A，R_1 の両端に加わる電圧が2.0Vであった。次の問いに答えなさい。

(1) R_3 を流れる電流は何Aか。　〔　　　　　　　〕

(2) R_2 の両端に加わる電圧は何Vか。　〔　　　　　　　〕

(3) この回路全体の抵抗は何Ωか。　〔　　　　　　　〕

7 【回路全体の抵抗】

図1, 図2のような回路がある。それぞれ, R_1 は抵抗 30 Ω, R_2 は抵抗 10 Ωの電熱線で, 電源は電圧 1.5 V の電池を 4 個直列につないだものを用いている。あとの問いに答えなさい。

図1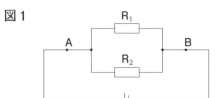

図2

(1) 図1の AB 間の電圧は何 V か。　　　　　　　　　　　〔　　　　　　〕

(2) 図1の R_1, R_2 に流れる電流はそれぞれ何 mA か。

R_1 〔　　　　　　〕 R_2 〔　　　　　　〕

(3) 図1の回路全体の抵抗は何Ωか。　　　　　　　　　　〔　　　　　　〕

(4) 図2の回路全体の抵抗は何Ωか。　　　　　　　　　　〔　　　　　　〕

(5) 図2のC点を流れる電流は何 mA か。　　　　　　　　〔　　　　　　〕

(6) 図2の R_1 に加わる電圧は何 V か。　　　　　　　　　〔　　　　　　〕

入試レベル問題に挑戦

8 図1は電源に, 電球A, 電流計, 電熱線Bおよび, 2個のスイッチ S_1, S_2 をつないでつくった回路を表したものである。また, 図2は, 電球Aに加わる電圧の大きさと流れる電流の大きさの関係を表したものである。次の問いに答えなさい。

図1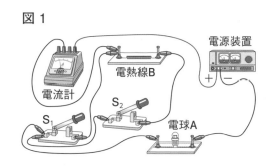

(1) スイッチ S_1 のみを入れると電球Aには電流が流れるが, 電熱線Bには電流は流れない。このとき, 電源の電圧を 4 V にすると電流計は何 mA を示すか。

〔　　　　　　〕

(2) スイッチ S_2 のみを入れ, 電源の電圧を 7 V にしたら電流計は 160 mA を示した。このとき, 電熱線Bには何 V の電圧が加わっていたか。

〔　　　　　　〕

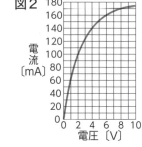

💡 **ヒント**

(2) スイッチ S_2 のみを入れると, 電熱線Bと電球Aが直列につながれた回路になることに注目。

3 電気のエネルギー

攻略のコツ 電力量と熱量は，単位と求め方が同じことに着目する。

テストに出る！ 重要ポイント

● 電力・電力量・熱量

❶ 電気エネルギー…電気がもついろいろなはたらきをする能力。

❷ 電力（消費電力）…1秒間あたりに消費する電気エネルギーの量。電圧が大きく，電流が大きいほど，電力は大きい。

電力〔W〕＝電圧〔V〕×電流〔A〕

・単位…**ワット**（記号W）。1Wは，1Vの電圧で1Aの電流が流れたときの電力。　　1000W＝1kW

❸ 電力量…電気器具で消費された電気エネルギーの全体の量。電力が大きく，電流を流す時間が長いほど，電力量は大きい。

電力量〔J〕＝電力〔W〕×時間〔s〕

・単位…**ジュール**（記号J），ワット秒（記号Ws），ワット時（記号Wh），キロワット時（記号kWh）。1Jは1Wの電力を1秒間使ったときの電力量。　1J＝1Ws　1kWh＝1000Wh

❹ 熱量（発熱量）…発生した熱エネルギーの量。

・単位…**ジュール**（記号J）。

熱量〔J〕＝電力〔W〕×時間〔s〕

Step 1　基礎力チェック問題

解答▶ 別冊p.20

1 次の〔　　〕にあてはまるものを選ぶか，あてはまる言葉を書きなさい。

得点アップアドバイス

1 ・・・・・・・・・・・・・・・

☑(1) 電力は，電圧が〔　大きい　　小さい　〕ほど，また，電流が
〔　大きい　　小さい　〕ほど大きい。

☑(2) 電力の単位の記号は〔　　　　　　〕を用いる。

☑(3) 60Wの電球と100Wの電球に同じ大きさの電圧を加えたとき，より明るいのは〔　60W　　100W　〕の電球である。

☑(4) 1Wの電力を1秒間使用したとき消費する電力量は〔　　　　　　〕である。

☑(5) 電熱線で発生する熱量は，電力が〔　大きい　　小さい　〕ほど，電流を流す時間が〔　長い　　短い　〕ほど大きい。

(5) 電力量についても同じ関係が成り立っている。

☑(6) 熱量を表す単位の記号は〔　　　　　　〕を用いる。

2 【電熱器具のはたらき】
電気器具について，次の問いに答えなさい。

(1) 次の電気器具は，電気エネルギーをおもに何に変えて利用しているか。
① 電気ポット 〔　　　　　　　　〕
② 蛍光灯 〔　　　　　　　　〕
③ チャイム 〔　　　　　　　　〕
④ モーター 〔　　　　　　　　〕

(2) ぬれたものを乾かすとき，表示が 600 W のドライヤー，1000 W のドライヤーのどちらを使うと，早く乾かすことができるか。ただし，100 V のコンセントに直接つないで使うものとする。

〔　　　　　　　　　　　　〕

(3) 1000 W のドライヤーを 5 分間使用したときに消費する電力量は何 J か。

〔　　　　　　　　　　　　〕

3 【電力と熱量】
1 V の電圧を加えたときに，1 A の電流が流れる電熱線 a と，2 A の電流が流れる電熱線 b がある。次の問いに答えなさい。

(1) 電熱線 a に 1 V の電圧を加えたとき，電熱線 a が消費する電力はいくらか。単位をつけて答えよ。

〔　　　　　　　　〕

(2) (1)のとき，電熱線 a が 30 秒間に消費する電力量は何 J か。

〔　　　　　　　　〕

(3) 右の図のような回路をつくり，電源の電圧を 1 V にした。このとき，電熱線 a，b が消費する電力を比べると，どうなっているか。次のア～ウから選び，記号で答えよ。

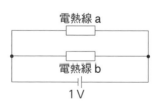

電熱線 a
電熱線 b
1 V

〔　　　　　〕

ア 電熱線 a の方が大きい。
イ 電熱線 b の方が大きい。
ウ どちらも等しい。

(4) 電熱線に電流を流す時間を長くすると，発生する熱量はどうなるか。次のア～ウから選び，記号で答えよ。 〔　　　　　〕
ア 大きくなる。
イ 小さくなる。
ウ 変わらない。

 得点アップアドバイス

2 ………………

確認 **電気エネルギー**

ものを動かしたり，ものをあたためたりできるとき，「エネルギーをもっている」と表す。

(3) 1 分 = 60 秒に換算して計算する。

 3 ………………

電熱線 b の方が電流が流れやすいんだね。

(3) 電熱線は並列につながっていることに注目。2 本の電熱線には同じ大きさの電圧が加わっている。

1 【電力と電力量】

図1，図2のような表示のある空気清浄機とスチームアイロンがある。次の問いに答えなさい。

図1
```
100 V – 20 W
空気清浄機
○○電気株式会社
```

(1) 図2の 100 V – 1200 W が表す内容について正しく述べたものを，次のア〜エから選び，記号で答えよ。　　〔　　　　　〕

図2
```
スチームアイロン
100 V – 1200 W
㈱△△電気
```

ア　100 V の電圧を加えたとき，1200 W の熱量が発生する。

イ　100 V の電圧を加えたとき，1200 W の電力を消費する。

ウ　抵抗が 100 V で，1200 W の熱量が発生する。

エ　抵抗が 100 V で，1200 W の電力を消費する。

(2) 空気清浄機とスチームアイロンを，それぞれ 100 V のコンセントにつないだとき，より大きい電流が流れるのはどちらか。

〔　　　　　　　　　　〕

(3) 空気清浄機とスチームアイロンを，それぞれ 100 V のコンセントにつないで 15 分間使用したとき，消費する電力量は何 J か。

空気清浄機〔　　　　　　　〕　スチームアイロン〔　　　　　　　〕

(4) この空気清浄機とスチームアイロンと「100 V – 1400 W」という表示のある電子レンジを，100 V のコンセントにつないで，すべて同時に使用するときの消費電力はいくらか。　　〔　　　　　　　〕

2 【電流による発熱】

図1のように，水そうの水に 500 W 用投げこみヒーターを入れ，100 V の電圧を加えて，ときどきガラス棒でかき混ぜながら水の上昇温度を調べた。図2の a は，そのときの加熱時間と水の上昇温度の関係を表したグラフである。次の①，②のようにしたとき，加熱時間と水の上昇温度の関係を表したグラフはどうなるか。図2のア，イからそれぞれ選びなさい。

図1
500 W 用投げこみヒーター　電源装置（100 V） 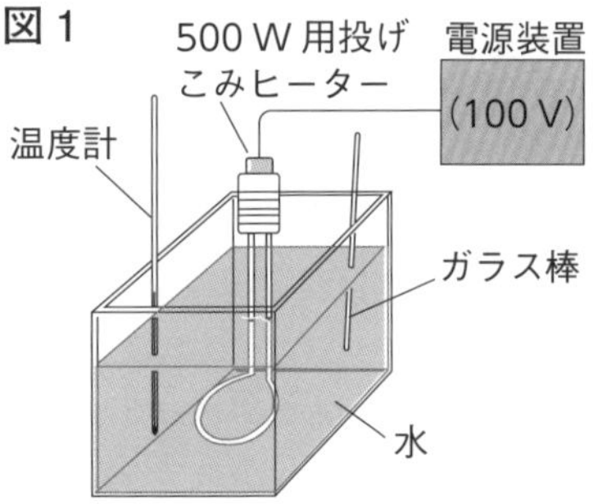
温度計　ガラス棒　水

① 水の量を半分にしたとき。

〔　　　　　〕

② 投げこみヒーターを 250 W 用のものにかえたとき。

〔　　　　　〕

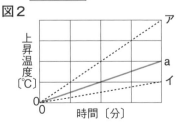

図2
上昇温度〔℃〕　時間〔分〕　ア　a　イ

③ 【電流と発熱量】
図のように，ビーカーにくみ置きの水80g
を入れ，その中に電熱線Aを入れて，ガラス
棒でゆっくりかき混ぜながら，6Vの電圧を
加え，1分ごとに水の温度を測定した。表は，
5分後までの結果を示している。次の問いに
答えなさい。ただし電熱線Aは6Vの電圧を
加えたとき，6Wの電力を消費する。

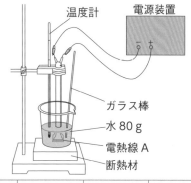

温度計　　電源装置
ガラス棒
水80g
電熱線A
断熱材

時間〔分〕	0	1	2	3	4	5
水の温度〔℃〕	24.2	25.1	25.9	26.8	27.6	28.5

(1)　この実験で，くみ置きの水を用いるのはなぜか。その理由を簡潔に書け。
〔　　　　　　　　　　　　　　　　　　　　　　　　　　　　　　　　　〕

✓よくでる (2)　この実験で，ビーカー内の水をかき混ぜながら電圧を加えたのはなぜか。その理由
を簡潔に書け。
〔　　　　　　　　　　　　　　　　　　　　　　　　　　　　　　　　　〕

(3)　このまま10分間電圧を加え続けると，水の温度は何℃になると考えられるか。次の
ア〜エから選び，記号で答えよ。　　　　　　　　　　　　　　　　〔　　　　〕
ア　29.4℃　　　　　　イ　32.8℃　　　　　　ウ　48.4℃　　　　　エ　57.0℃

(4)　電熱線Aは，5分間に何Jの熱を発生するか。　　　　　　　　　〔　　　　〕

(5)　5分間に水が得た熱量は何Jか。ただし，水1gの温度を1℃上昇させるのに必要
な熱量を4.2Jとする。
〔　　　　　　　　〕

(6)　(4)，(5)より，電熱線Aから5分間に発生した熱量よりも，5分間に水が得た熱量の
方が小さいことがわかる。このようになるのはなぜか。簡潔に書け。
〔　　　　　　　　　　　　　　　　　　　　　　　　　　　　　　　　　〕

入試レベル問題に挑戦

④ 【電　力】
家庭のコンセントに差しこんだ電気器具は，100Vの電源に対してすべて並列となって
いる。もし100Vの電源に電気器具が直列につながるようになっているとすると，どの
ような問題が生じるか。簡単に説明せよ。
〔　　　　　　　　　　　　　　　　　　　　　　　　　　　　　　　　　〕

ヒント
豆電球を直列につないだとき，暗くなったことを思い出そう。また，回路の1か所が切れると，
全体はどうなるか？

定期テスト予想問題 ⑤

1 電熱線を用いて，図1のような回路をつくり，電源装置の電圧を変化させて，電熱線の両端に加わる電圧と流れる電流の関係を調べた。図2のグラフは，その結果を表している。次の問いに答えなさい。 【3点×4】

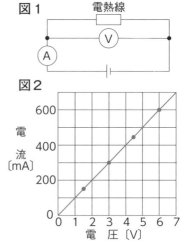

図1 電熱線

図2

(1) 図2のグラフから，電熱線に流れる電流と加わる電圧には，どのような関係があるといえるか。

(2) (1)のような関係を示した法則を何というか。

(3) 電熱線に加わる電圧が9Vのとき，流れる電流は何mAか。

(4) この電熱線の電気抵抗は何Ωか。

(1)			
(2)		(3)	(4)

2 右の図について，次の問いに答えなさい。 【2点×6】

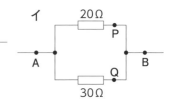

(1) AB間の抵抗が大きいのはア，イのどちらか。

(2) 図のアのAB間の抵抗は何Ωか。

(3) 図のイのAB間に6Vの電圧を加えたとき，P点，Q点を流れる電流はそれぞれ何Aか。

(4) (3)のとき，A点を流れる電流は何Aか。

(5) 図のイのAB間の全体の抵抗は何Ωか。

(1)		(2)		(3) P点	Q点
	(4)		(5)		

3 ある電熱線に100Vの電圧を加えたところ，2.0Aの電流が流れた。この電熱線について，次の問いに答えなさい。 【3点×2】

(1) この電熱線に100Vの電圧を加えたとき，消費する電力は何Wか。

(2) この電熱線に100Vの電圧を加えて，1分間電流を流した。このとき消費する電力量は何Jか。

(1)		(2)	

4 次の文の（　）に適する言葉を入れて，文を完成させなさい。

【3点×5】

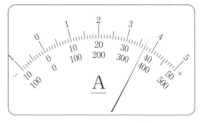

電流を測定するには，電流計を測定する部分と（　①　）に接続し，電圧を測定するには，電圧計を測定する部分と（　②　）に接続する。

－端子が 50 mA，500 mA，5 A の 3 種類ある電流計を用いて，大きさのわからない電流を測定するときは，はじめは（　③　）の端子を使用する。50 mA の端子を使用した場合は，針が最大に振れたときが（　④　）mA だから，右上の図で 50 mA の端子を使用していれば，電流は（　⑤　）mA と読みとる。

① ② ③ ④ ⑤

5 抵抗の値が等しい電熱線 a，b を図1のようにつないだ回路をつくり，電圧を加え，流れる電流の大きさを測定した。次に，電熱線 a に加わる電圧を測定するため，15 V の－端子を使って電圧計を接続したところ，電圧計の針の振れは，図2のようになった。次の問いに答えなさい。

【4点×3】

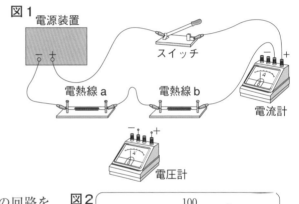

図1　電源装置　スイッチ　電熱線a　電熱線b　電流計　電圧計

(1) 図1のような電熱線のつなぎ方の回路を，何というか。

(2) 電熱線 a に加わる電圧を測定するときの回路を，図1に導線をかき入れて完成せよ。

ミス注意 (3) 電源の電圧は何 V か。

図2

(1) (2) 図1中にかく (3)

6 電熱線 a と b のそれぞれについて，電熱線の両端に加わる電圧と流れる電流の大きさの関係を調べた。図は，その結果をグラフに表したものである。次の文の①，②の〔　〕にあてはまる語句を選び，記号で答えなさい。

【2点×2】

電熱線 a と b に流れる電流の大きさは，電熱線の両端に加わる電圧にそれぞれ①〔　ア　比例　　イ　反比例　〕する。また，電熱線 a と b の抵抗の値を比べると，②〔　ア　電熱線a　　イ　電熱線b　〕の方が大きい。

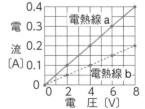

① ②

7 右の図の器具をすべて使い，抵抗器(ていこう)に流れる電流(でんりゅう)が最も大きくなるようにしたい。導線をどのようにつなぐとよいか。図にかきこんで回路(かいろ)を完成させなさい。　【5点】

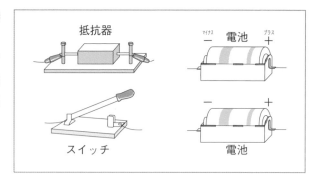

8 加わる電圧(でんあつ)と流れる電流の関係が図1のようになる電熱線A，Bがある。これらの電熱線を使って，図2，図3のような回路をつくった。次の問いに答えなさい。　【2点×7】

図1
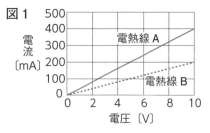

図2
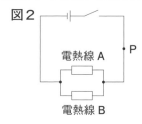

図3

(1) 電熱線A，Bの抵抗は何Ωか。それぞれ答えよ。

(2) 図2，図3で，電熱線Aを流れる電流の大きさは，電熱線Bを流れる電流の大きさの何倍か。次のア〜エからそれぞれ選び，記号で答えよ。

ア　0.5倍　　　　　　　イ　1倍
ウ　1.5倍　　　　　　　エ　2倍

(3) 図2で，P点を流れる電流が600 mA のとき，電源の電圧は何 V か。

(4) 図3で，電熱線Aの両端(りょうたん)に加わる電圧が4 V のとき，電熱線Bの両端に加わる電圧は何 V か。

(思考)(5) 図2，図3で，電源の電圧を 10 V にしたとき，消費する電力(でんりょく)が最も大きい電熱線が消費する電力は何Wか。

(1)	A	B	(2)	図2		図3	
		(3)		(4)		(5)	

9 次の実験①〜③について，あとの問いに答えなさい。　〈長野県〉【3点×5】

〈実験〉　① 次のページの図1の回路で，抵抗器に加える電圧を変え，電流の大きさをはかった。

② ①と同じ抵抗器を使って，図2，図3の回路をつくった。スイッチを入れ，電源の電圧を 12 V にして，電流計の示す値(あたい)を調べた。

③ 図2，図3で，電源の電圧を 12 V に保ったままスイッチを切ったとき，電球a，bの明るさがどうなるか，観察した。

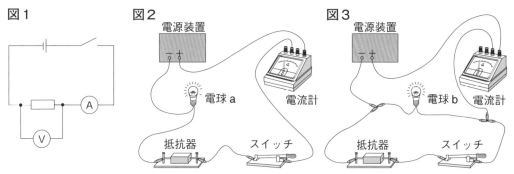

図1　図2　図3

(1)　①の測定結果は右下の表のようになった。電圧と電流との関係をグラフに表せ。

(2)　②で，図2の電流計が 250 mA を示したとき，電球aに加わる電圧は何 V か。

電圧〔V〕	0	1.0	4.0	6.0	8.0	14.0
電流〔mA〕	0	25	100	150	200	350

(3)　③で，電球a，bのようすを，次のア～エからそれぞれ選び，記号で答えよ。

　　ア　消える。　　イ　明るくなる。　　ウ　暗くなる。　　エ　変わらない。

(4)　電池を電源として，2個の電球が点灯する照明装置をつくった。この装置には，2個のスイッチ S₁ と S₂ があり，S₁ だけを入れると1つの電球だけが点灯する。さらに S₂ を入れるとほかの電球も点灯し，この状態で S₁ を切ると，電球は2つとも消える。この装置の回路図を，次の電気用図記号を使ってかけ。

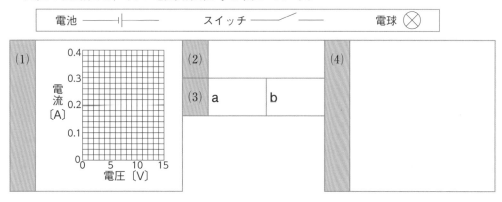

(1)　(2)
(3)　a　　b
(4)

定期テスト予想問題⑤

10　電熱線に電流を流して発熱させると，発熱量は電力〔W〕（電圧×電流）に比例する。今，右の湯わかし器に一定量の水を入れて，家庭の 100 V の電源につなぐと約 10 分後に沸騰し始めた。同じ量の水を入れたこの湯わかし器を 50 V で使用した場合の説明として正しいものを，次のア～エから1つ選んで，記号で答えなさい。　【5点】

湯わかし器

100 V 用 600 W

ア　電流が $\frac{1}{2}$ になるので，沸騰し始めるまでの時間は約2倍になる。

イ　抵抗が $\frac{1}{2}$ になるので，沸騰し始めるまでの時間は約2倍になる。

ウ　電力が $\frac{1}{2}$ になるので，沸騰し始めるまでの時間は約2倍になる。

エ　電流，電圧とも $\frac{1}{2}$ になるので，沸騰し始めるまでの時間は約4倍になる。

リンク
ニューコース参考書
中2理科
p.266〜275

4 電流がつくる磁界，電流が磁界から受ける力

攻略のコツ 電流のまわりにできる磁界の向きは，電流の流れる向きに向かって時計回り。

テストに出る! 重要ポイント

● **磁力と磁界**

● **磁界**…磁力（磁石の力）のはたらく空間。
  a **磁界の向き**…磁針のN極が指す向き。
  b **磁力線**…磁界の向きに沿ってかいた線。

● **電流のまわりの磁界**

❶ 電流のまわりの磁界…電流（導線）を中心に同心円状にできる。
  a **向き**…電流の流れる向きに向かって時計回り。
  b **強さ**…電流が大きく，電流に近いほど強い。
❷ コイルのまわりの磁界…コイルの内と外では逆向き。
  ・磁界の強さ…電流が大きく，巻数が多いほど強い。

● **電流が磁界の中で受ける力**

電流の向き，磁界の向き，電流が受ける力の向きはたがいに垂直。
❶ **力の向き**…電流の向き，または磁界の向きを逆にすると，逆になる。
❷ **大きさ**…電流が大きく，磁界が強いほど大きい。

↓電流のまわりの磁界

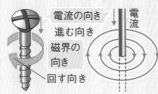

↓コイルのまわりの磁界

右手の4本の指で電流の向きにコイルをにぎる。

親指の向きがコイルの内側の磁界の向き。

↓電流が磁界から受ける力

Step 1　基礎力チェック問題

解答 別冊p.22

1 次の〔　　〕にあてはまるものを選ぶか，あてはまる言葉を書きなさい。

☑(1) 磁界の向きは，磁針の〔　N極　　S極　〕の指す向きである。

☑(2) 右の図で，磁界の向きは〔　ア　　イ　〕である。

☑(3) コイルの内と外では磁界の向きは〔　逆　　同じ　〕。

☑(4) 電流が磁界から受ける力の向きは，電流の向きと磁界の向きにそれぞれ〔　垂直　　同心円状　〕になる。

☑(5) 電流の向きを変えると，受ける力の向きは〔　　　　　　　　〕。

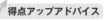

得点アップアドバイス

1

(2) 磁界の向きは，右ねじを回す向きである。

2 【電流のまわりの磁界】

右の図は，水平な厚紙に導線を垂直に通し，→の向きに電流を流したようすを示している。これについて，次の問いに答えなさい。ただし，A・C点は導線から1cm，B点は2cm離れた位置にあるものとする。

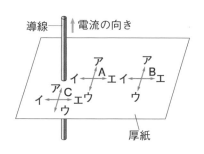

導線　↑電流の向き

厚紙

得点アップアドバイス

2 ......

☑ (1) B，C点での磁界の向きは，それぞれア〜エのどれか。記号で書け。

B点〔　　　　〕　C点〔　　　　〕

☑ (2) A点とB点では，どちらの方が磁界が強いか。

〔　　　　〕

(2) A点とB点の導線からの距離を考える。

☑ (3) 導線に流す電流の向きを逆（上から下）にした場合，C点での磁界の向きは，ア〜エのどれか。記号で答えよ。 〔　　　　〕

3 【コイルのまわりの磁界】

右の図のようにコイル状にした導線に矢印の向きに電流を流した。次の問いに答えなさい。

ア　イ
・
P

電流

3 ......

☑ (1) P点での磁界の向きは，ア，イのどちらか。 〔　　　　〕

☑ (2) P点での磁界を強くするには，どのようにすればよいか。コイルの巻数は変えないものとして，2つ答えよ。

〔　　　　　　　　　　　　　〕
〔　　　　　　　　　　　　　〕

(1) 右手の4本の指を電流の向きに合わせるようにする。このとき，電流の向きとコイルの巻き方に注意する。

4 【磁界】

右の図のように，棒磁石の上にガラス板を置いて，鉄粉をうすくまいたあと，ガラス板の端を軽くたたいた。このとき，ガラス板上にできた鉄粉の模様を線を使って模式的にかけ。（「上から見た図」にかくこと。）

ガラス板

4 ......

上から見た図

S　　　　　N

[1] 【磁石の磁界】
棒磁石の上にガラス板を置き，上から
鉄粉をまいたあとガラス板の端を軽く
たたくと，図のような模様ができた。
次の問いに答えなさい。

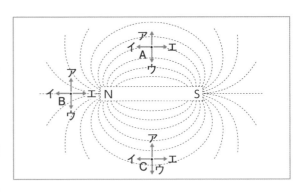

✓よくでる(1)　図のような模様をもとにしてかく
　　ことができる，N極とS極を結んだ
　　線を何というか。
　　　　　　　　〔　　　　　　　〕

(2)　図のA〜Cの各点に磁針を置くと，N極はどの向きを指すか。それぞれア〜エから
　　選び，記号で答えよ。
　　　　　　　　　　　　　A〔　　　　　〕B〔　　　　　〕C〔　　　　　〕

(3)　A点とC点で，磁界の強さを比べるとどうなっているか。次のア〜ウから選び，記
　　号で答えよ。　　　　　　　　　　　　　　　　　　　　　　　　〔　　　　　〕
　　ア　A点の方が強い。　　　　イ　C点の方が強い。　　　　ウ　同じ。

[2] 【電流と磁界】
電流と磁界について，次の問いに答えなさい。

✓よくでる(1)　図1のように，導線を垂直に通した水平な厚
　　紙の上に，磁針A，Bを置いた。この導線に電
　　流を矢印の向きに流すと，磁針A，BのN極は，
　　図に示した右，左のどちらに振れるか。それぞ
　　れ答えよ。
　　　　　　　　　　　A〔　　　　　〕B〔　　　　　〕

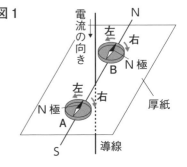

図1

(2)　図2のように，電流が矢印の向きに流れてい
　　る導線と垂直な面に，U字形磁石を置くと，導
　　線はイの向きに動いた。次に，電流を逆向きに
　　流すと，この導線が磁界から受ける力の向きは
　　どうなるか。図2のア〜エから選び，記号で答
　　えよ。　　　　　　　　　　　　〔　　　　　〕

ミス注意(3)　図2で，電流を逆向きに流した状態で，U字
　　形磁石のN極とS極を入れかえて置いた。この
　　とき，導線が磁界から受ける力の向きはどうな
　　るか。図2のア〜エから選び，記号で答えよ。
　　　　　　　　　　　　　　　　　〔　　　　　〕

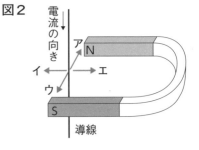

図2

3 【電流が磁界から受ける力】

右の図は，磁界の中で導線に電流を流したものである。このとき，導線は矢印の向きに動いた。これについて，次の問いに答えなさい。

✓よくでる (1) 流れる電流を大きくすると，導線が受ける力の大きさはどうなるか。

〔　　　　　　　　　　〕

(2) 磁石のN極とS極を逆にすると，導線が受ける力の向きはどうなるか。

〔　　　　　　　　　　〕

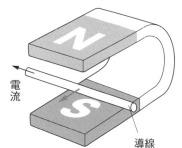

電流

導線

入試レベル問題に挑戦

4 【モーターのしくみ】

次の実験について，あとの問いに答えなさい。

〈北海道・改〉

〈実験1〉エナメル線を巻いてコイルにした電磁石を用いて，モーターをつくり，図1のように電池とスイッチにつないだ。スイッチを入れると，モーターは連続して回転した。

〈実験2〉図2のように2つの磁石A，Bを磁石の極が図1の電磁石と同じ向きになるように置いた装置をつくり，スイッチを入れると，モーターは実験1と同じ向きに連続して回転した。

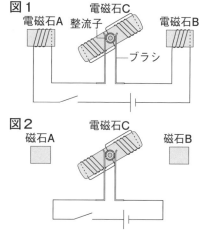

図1　　電磁石A　整流子　電磁石C　　電磁石B　　ブラシ

図2　磁石A　　電磁石C　　磁石B

思考 (1) 実験1，2でモーターが連続して回転するとき，整流子はどのようなはたらきをしているか，書け。

〔　　　　　　　　　　　　　　　　　　　　　　　　　　　　　　〕

(2) 次の文の〔　〕①，②にあてはまるものを，ア，イからそれぞれ選べ。

①〔　　　　　〕②〔　　　　　〕

図1の装置で，電池の＋極と－極を逆にしてスイッチを入れると，電流は逆向きに流れる。このとき，電磁石A，BのN極とS極は①〔　ア　入れかわる　イ　入れかわらない　〕。また，そのとき，電磁石A，Bと電磁石Cとの間にはたらく力により，モーターは実験1と②〔　ア　同じ向き　イ　逆向き　〕に回転する。

(3) 図1，2の装置の電池とスイッチをはずして，かわりに電流計をつなぎ，手でモーターの軸を回転させ，電流計の針の振れを調べた。このとき，電流計の針が振れるのは，図1，図2のどちらか。

〔　　　　　　〕

💡 ヒント

(3) 図1の電磁石A，Bは，電流が流れていないときは磁石としてはたらかない。

電磁誘導，直流と交流

🔗 リンク
ニューコース参考書
中2理科
p.276〜280

攻略のコツ 磁界の変化が速いほど，誘導電流が大きくなることをつかむ。

テストに出る! **重要ポイント**

● **電磁誘導**

❶ **電磁誘導**…コイルの中の磁界が変化すると，コイルに電流を流そうとする電圧が生じる現象。

❷ **誘導電流**…電磁誘導によって流れる電流。

 a 誘導電流の向き…磁石の極（磁極）と，磁石を動かす向きによって変わる。

 b 誘導電流の大きさ…磁界の変化が速いほど大きくなる。

   コイルの巻数が多いほど大きくなる。

   磁石の磁界が強いほど大きくなる。

N極を近づける。
誘導電流

磁極を変える。
逆になる。

動かす向きを変える。
逆になる。

動かす向きと磁極を変える。
変わらない。

● **発電機**

● **発電機**…電磁誘導によって，電流を連続してとり出す装置。

● **直流・交流**

❶ **直流**…一定の向きにだけ流れる電流（乾電池の電流）。

❷ **交流**…流れる向きと大きさが周期的に変わる電流（コンセントの電流）。1秒間にくり返す電流の向きの変化の回数を**周波数**（記号 **Hz**）という。

Step 1 基礎力チェック問題

解答 別冊p.23

1 次の〔　〕にあてはまるものを選ぶか，あてはまる言葉を書きなさい。

☑ (1) コイルの中の磁界が変化し電圧が生じる現象を，〔　　　　　〕という。

☑ (2) (1)によって，流れる電流を〔　　　　　〕という。

☑ (3) 誘導電流は磁界の変化が〔 遅い　速い 〕ほど，コイルの巻数が〔 少ない　多い 〕ほど強くなる。

☑ (4) 電磁誘導を利用して電流を得る装置を〔　　　　　〕という。

☑ (5) 流れる向きと大きさが周期的に変わる電流を〔 直流　交流 〕という。

得点アップアドバイス

1 ....

(4) 電流を流すと回転するモーターを，電源につながず回転させると，電磁誘導により電流を得ることができる。

(5) 電磁誘導を利用した発電機で発電している。

2 【電磁誘導】

図のように，コイルに棒磁石のN極を近づけたところ，電流がアの向きに流れた。次の問いに答えなさい。

 棒磁石 近づける。 イ ア

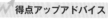  得点アップアドバイス

☑ (1) このように，棒磁石を動かしたときにコイルに電流が流れる現象を何というか。　〔　　　　　〕

☑ (2) 図で，棒磁石のN極のかわりにS極を近づけると，電流はア，イのどちらの向きに流れるか。　〔　　　　　〕

2 ……………………

(1) コイルの中の磁界が変化したときに起こる現象。

3 【コイルを流れる電流】

☑ 右の図のように，コイルに対して棒磁石を動かして，電流を流す実験を行った。このとき，棒磁石をコイルの中に入れる速さを速くすると，遅いときに比べて検流計の針の振れが大きくなった。これ以外に，検流計の針の振れを大きくする方法を1つ簡潔に書きなさい。

〔　　　　　　　　　　　　　　　〕

 検流計

3 ……………………

確認　電磁石

小学校のときの電磁石の実験を思い出してみよう。電磁石の力を強くするには，コイルの巻数をどのようにしたか。

4 【電磁誘導】

右の図のように，水平に支えたコイルと検流計をつなぎ，棒磁石のN極をコイルの中に入れたり，コイルから出したりした。次の問いに答えなさい。

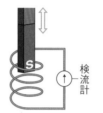 棒磁石 S N コイル 検流計

☑ (1) 棒磁石をコイルに入れると，検流計の針が左に振れた。検流計の針が右に最も大きく振れるのは，棒磁石をどのようにしたときか。次のア～エから1つ選び，記号で答えよ。　〔　　　　　〕

ア 棒磁石をゆっくりとコイルに入れる。

イ 棒磁石を速くコイルに入れる。

ウ 棒磁石をゆっくりとコイルから出す。

エ 棒磁石を速くコイルから出す。

☑ (2) このとき，コイルの中で棒磁石を静止すると，電流は流れるか，流れないか。

〔　　　　　〕

4 ……………………

(1) 磁石を動かす方向で電流の向きが，動かす速さで電流の大きさが決まる。

4章／電気の世界

5 電磁誘導，直流と交流

117

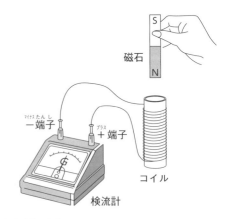
磁石

ー端子　＋端子

コイル

検流計

1 【電磁誘導】
検流計とコイルをつなぎ，コイルの真上から磁石のN極を下にしてコイルに近づけると，検流計の針は左に振れた。図はこのときのようすを示したものである。次の問いに答えなさい。

ミス注意 (1) コイルの真上で静止させていた磁石をN極を下にしたまま，図の状態から次のア〜エに示すように動かした。このうち，検流計の針が右に最もよく振れるのはどれか。記号で答えよ。　〔　　　〕

ア　磁石を上に動かし，N極をコイルからゆっくり遠ざける。
イ　磁石を上に動かし，N極をコイルからすばやく遠ざける。
ウ　磁石を下に動かし，N極をコイルにゆっくり近づける。
エ　磁石を下に動かし，N極をコイルにすばやく近づける。

(2) この実験のような，電磁誘導を利用して電流を得るようにしたしくみを何というか。
〔　　　　　　　　　　　　　〕

2 【電磁誘導】
磁石の運動によって生じる電流を調べるために，次の実験を行った。あとの問いに答えなさい。

〈実験〉 図1のように，検流計を接続したコイルの上から棒磁石のN極を下に向けてゆっくりとコイルに近づけると，検流計の針が＋側に振れた。

図1　　検流計

(1) 棒磁石がつくるN極付近の磁界のようすを，磁力線で正しく表したものはどれか。図2のア〜エから1つ選び，記号で答えよ。
〔　　　〕

(2) 実験装置をそのまま用いて，同じ棒磁石をコイルの上から近づけたら，検流計の針は−側に，図1のときよりも大きく振れた。
この場合，棒磁石をどのように操作したのか，書け。

図2　ア　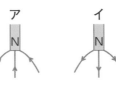イ　ウ　エ

〔　　　　　　　　　　　　　　　　　　　　　　　〕

(思考)(3)　実験装置をそのまま用いて，図3のように，棒磁石のN極を下に向けてコイルの上を水平に通過させると，検流計の針はどのように振れるか。次のア～オから選び，記号で答えよ。

図3

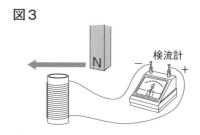

〔　　　　　　〕

ア　＋側に振れる。　　　イ　－側に振れる。
ウ　＋側に振れたあと，－側に振れる。
エ　－側に振れたあと，＋側に振れる。　　オ　振れない。

【直流と交流】
3 発光ダイオードの端子を電源に正しくつなぎ，数Vの電圧を加えて暗いところで，左右に振った。発光ダイオードの点灯のしかたについて，次の問いに答えなさい。

(1)　電源に乾電池を用いたときの発光ダイオードの点灯のしかたは，図のア，イのどちらになるか。記号で答えよ。

〔　　　　　　〕

(2)　イのようになるのは，直流，交流のどちらの電源か。

〔　　　　　　〕

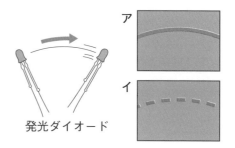

発光ダイオード

ア

イ

(3)　交流の1秒間にくり返す電流の向きの変化の回数を何というか。また，単位の記号を書け。　　名称〔　　　　　　〕　単位の記号〔　　　　　　〕

入試レベル問題に挑戦

【誘導電流】
4 図1のように，コイルと発光ダイオードをつなぎ，矢印の向きに棒磁石を動かすと発光ダイオードが点灯した。次の問いに答えなさい。ただし，発光ダイオードは長い方のあしの端子から電流が流れこんだときだけ点灯する。

図1

発光
ダイオード

棒磁石

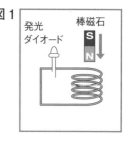

(1)　図1で，棒磁石をコイルに入れて静止させると，発光ダイオードは点灯せず，回路に電流が流れなかったことがわかった。それはなぜか。理由を簡単に書け。

〔　　　　　　　　　　　　　　　　　　　　　　　　　　　〕

(2)　棒磁石のN極とS極の向き，棒磁石を動かす向き，発光ダイオードのつなぎ方を図2のように変えた。このとき，発光ダイオードが点灯しないものをすべて選び，記号で答えよ。　　〔　　　　　　〕

図2　ア　　　　　イ　　　　　ウ　　　　　エ

ヒント
(2)　棒磁石を動かす向き，あるいは棒磁石の極を逆にすると，電流の向きは逆になる。

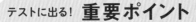
リンク
ニューコース参考書
中2理科
p.282〜292

6 静電気と電流

攻略のコツ　−の電気（電子）が移動して静電気が生じることをつかむ。

テストに出る! 重要ポイント

● **静電気**
- **静電気**…2種類の物質を摩擦したときに生じる電気。＋の電気と−の電気がある。
  - a　異なる種類の電気（＋と−）…引き合う。
  - b　同じ種類の電気（＋と＋，−と−）…しりぞけ合う。
  - 引き合う力，しりぞけ合う力は離れていてもはたらく。

● **放電**
- **放電**…たまった電気が流れ出したり，空間を移動したりする現象。

● **真空放電と陰極線**
- ❶ **真空放電**…気圧を低くした放電管などの空間に，電流が流れる現象。
- ❷ **陰極線（電子線）**…放電管の−極から出て，＋極に向かう電子の流れ。
  - ・陰極線の性質…直進する。−極から＋極に向かう。電圧を加えた電極板の間を通るとき，電極板の＋極側へ曲がる。
- ❸ **電子**…−の電気をもつ小さな粒子。電流の正体は電子の移動。ただし，電流と電子の移動する向きは逆。

● **放射線**
- **放射線**…α線，β線，γ線，X線などがある。物質を通りぬける能力（**透過力**）がある。

Step 1　基礎力チェック問題

解答　別冊p.23

1 次の〔　　〕にあてはまるものを選ぶか，あてはまる言葉を書きなさい。

☑ (1)　摩擦によって生じる電気を〔　　　　　　〕という。

☑ (2)　(1)で発生した電気には，〔　　　　　　〕の電気と〔　　　　　　〕の電気がある。

☑ (3)　異なる種類の電気どうしは〔　引き合い　　しりぞけ合い　〕，同じ種類の電気どうしは〔　引き合う　　しりぞけ合う　〕。

☑ (4)　たまった電気が流れ出す現象を〔　　　　　　〕という。

☑ (5)　真空放電のとき，放電管内を〔　＋　　−　〕極から出て〔　＋　　−　〕極へ向かうものを陰極線という。陰極線は，〔　＋　　−　〕の電気をもつ。

得点アップアドバイス

1

(1)　プラスチックのストローと布など，異なる種類の物質を摩擦したときに発生する。

(4)　雷はこの現象の例である。

2 【静電気】

下の図は，物体Aと物体Bをこすり合わせて，静電気が発生するしくみを表している。次の問いに答えなさい。

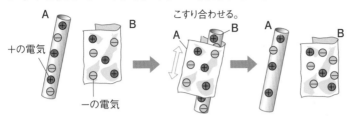

得点アップアドバイス

2 ‥‥‥‥‥‥‥‥‥‥

こすり合わせる前は，物体Aと物体Bの間に力ははたらいていないね。

☑(1) ふつうの状態の物体では，その物体がもつ＋の電気の量と－の電気の量は，どんな関係にあるか。　〔　　　　　　〕

☑(2) 2種類の物体をこすり合わせたとき，一方の物体からもう一方の物体に移動するのは，＋と－のどちらの電気か。　〔　　　　　　〕

☑(3) こすり合わせたあとの物体Aと物体Bは，＋と－のどちらの電気を帯びるか。それぞれ答えよ。

物体A〔　　　　　〕　物体B〔　　　　　〕

☑(4) こすり合わせたあとの物体Aと物体Bの間には，どんな力がはたらくか。　〔　　　　　　〕

3 【陰極線】

陰極線の性質について，次の〔　　〕の中から，正しい方を選びなさい。

☑(1) 放電管内に，蛍光物質をぬった板を置くと，明るい線は
〔　まっすぐ　　曲がって　〕進むことがわかる。

☑(2) 十字形の金属板が入った放電管に高い電圧を加えると，
〔　＋極側　　－極側　〕に十字形の影ができる。

☑(3) 陰極線は，電圧を加えた上下の電極板の間を通ると，＋極の電極板の方に曲がることで，〔　＋　　　－　〕の電気をもっていることがわかる。

3 ‥‥‥‥‥‥‥‥‥‥

確認 **陰極線の性質**

陰極線のほかの性質として，磁石で曲げられるなどがある。

4 【放射線】

放射線について，次の問いに答えなさい。

4 ‥‥‥‥‥‥‥‥‥‥

☑(1) 放射線を出す物質を何というか。　〔　　　　　　〕

☑(2) (1)の物質が放射線を出す能力や性質を何というか。
〔　　　　　　〕

☑(3) 放射線が物体を通りぬける能力を何というか。
〔　　　　　　〕

☑(4) レントゲン撮影に利用されている放射線は何か。下のア～エから選び，記号で答えよ。　〔　　　　　　〕

ア　α線　　　イ　β線　　　ウ　γ線　　　エ　X線

4章／電気の世界

6　静電気と電流

1 【静電気】

3本のストローを用意し，図1のようにして，2本のストローA，Bを布でこすった。次に，図2，図3のように，こすっていないストローにこすったストローAを虫ピンでとめたものに，もう1本のこすったストローBと布をそれぞれ近づけた。次の問いに答えなさい。

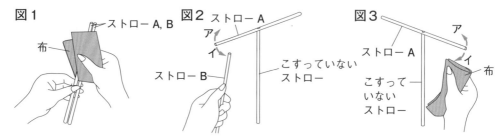

(1)　2種類の物体をこすり合わせたときに生じる電気を何というか。

〔　　　　　　　　　〕

(2)　次の文は，図2，図3でストローがどのように動くかについて述べている。〔　　〕には適する言葉を，　　　には図の記号を入れて，文を完成せよ。

　　図2では，ストローAとBには〔①　　　　　〕種類の電気がたまっているので，ストローAとBは〔②　　　　　〕合って，ストローAは図2の ③　　　　　 の向きに動く。

　　図3では，ストローAと布には〔④　　　　　〕種類の電気がたまっているので，ストローAと布は〔⑤　　　　　〕合って，ストローAは図3の ⑥　　　　　 の向きに動く。

(3)　(1)の電気が，たまっていた物体から流れ出す現象を何というか。

〔　　　　　　　　　〕

(4)　次のア～エの現象のうち，(1)の電気とは関係のないものはどれか。記号で答えよ。

〔　　　　　　　　　〕

　ア　磁石でこすった鉄くぎが，砂鉄を引きつけた。

　イ　いなずまが空中を走った。

　ウ　衣服がからだにまとわりついた。

　エ　ドアのノブに手を近づけると，パチッと音がして痛みを感じた。

2 【電　子】

右の図は，金属内部を自由に動き回る電子のモデルである。Aが＋極側，Bが－極側になるように，この金属を電源につなぐと，電子はA，Bのどちらの方に動くか，記号で答えなさい。

〔　　　　　〕

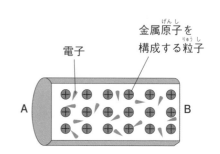

金属原子を
構成する粒子

電子

A　　　　　B

③ 【陰極線】
右の図のような真空放電管に電圧を加えた。これについて，次の問いに答えなさい。

(1)　−極から出る直線状の明るい線を何というか。

〔　　　　　　　　〕

✓よくでる (2)　A，Bの電極に電圧を加えたところ，直線状の線がA側に曲げられた。Aの電極は，＋極，−極のどちらか。　〔　　　　　　　〕

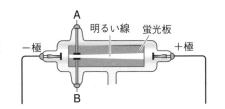

(3)　次の文の〔　　　〕にあてはまる言葉を書け。

①　放電管内の蛍光板の光る部分が直線状であることで，(1)には〔　　　　〕する性質があることがわかる。

②　(1)の正体は−の電気をもつ小さな粒子である〔　　　　〕の流れである。

入試レベル問題に挑戦

④ 【静電気】
右の図は，ポリエチレンのひもを細かくさいて，ティッシュペーパーでよく摩擦したものと，きれいにふいた塩化ビニルの管をティッシュペーパーで摩擦したものを近づけたときのようすを示している。これについて，次の問いに答えなさい。

塩化ビニルの管

ポリエチレンのひもをさいたもの

(1)　細かくさいたポリエチレンのひもをティッシュペーパーで摩擦すると，ひもが広がった。これは何かの力がはたらいたためである。何の力か。

〔　　　　　　　　〕

(2)　(1)の力によって広がった理由は何か。次のア，イから選び，記号で答えよ。

〔　　　　　　　　〕

ア　ひもどうしが同じ種類の電気を帯びていたため。
イ　ひもどうしがちがう種類の電気を帯びていたため。

(3)　図のように，塩化ビニルの管をポリエチレンのひもに近づけたとき，どのような力がはたらくか。次のア，イから選び，記号で答えよ。ただし，塩化ビニルの管とポリエチレンのひものそれぞれを摩擦した2枚のティッシュペーパーは，同じ種類の電気を帯びていた。　〔　　　　　　　〕

ア　たがいにしりぞけ合う力がはたらく。
イ　たがいに引き合う力がはたらく。

(4)　この塩化ビニルの管にネオン管をふれさせたら，一瞬だけ光った。ネオン管が光ったのはなぜか。簡潔に書け。〔　　　　　　　　　　　　〕

(5)　(4)のように一瞬しか光らなかったのはなぜか。簡潔に書け。

〔　　　　　　　　　　　　〕

ヒント

(5)　ネオン管が光ったあと，塩化ビニルの管は電気を帯びていない状態になっている。

定期テスト予想問題 ⑥

時間 ▶ 50分
解答 ▶ 別冊p.24

得点　　　／100

---

1 2つの棒磁石のまわりの磁界（じかい）を調べるために鉄粉をまいたら，右の図のようになった。これを見て，次の問いに答えなさい。 【4点×3】

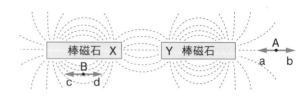

(1) XとYの極は，どのような組み合わせと考えられるか。次のア，イのうち，正しいものを選び，記号で答えよ。

　　ア　同じ極　　　　　イ　異なる極

(2) XがN極であるとき，A点に磁針を置くと，磁針のN極はa，bのどちらを指すか。

(3) XがN極であるとき，B点の磁界の向きはc，dのどちらか。

(1)	(2)	(3)

---

2 磁針の向きについて，次の問いに答えなさい。ただし，磁針は黒い方がN極を表す。

【3点×4】

(1) 図1のように電流（でんりゅう）が流れている導線のまわりの点A，B，C，Dに磁針を置いた。上から見たときの磁針の示す向きを正しく表しているものはどれか。図2のア～エから選び，記号で答えよ。

図1

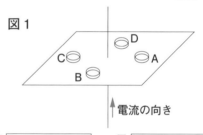

図2

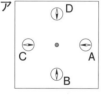
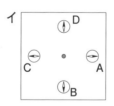
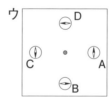

ア　　　　　　イ　　　　　　ウ　　　　　　エ

(2) 図3のように，電流が流れているコイルの外側の点Aと内側の点Bに磁針を置いた。磁針の示す向きを正しく表しているものはどれか。図4のア～エからそれぞれ選び，記号で答えよ。

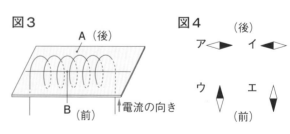

図3　A（後）　　B（前）　電流の向き

図4　（後）　ア◀ イ▶　ウ　エ　（前）

(3) 磁針のN極が示す向きを順につないでできる線を何というか。

(1)	(2) 点A	点B	(3)

3 下の図は，モーターの原理を説明したものである。これについて，あとの問いに答えなさい。

【3点×5】

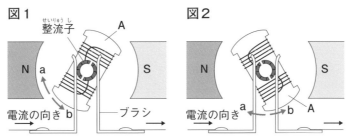

図1　整流子　A　N　a　電流の向き b　ブラシ

図2　N　S　電流の向き a　b　A

(1) 図1で，AはN極，S極のどちらになるか。

(2) (1)から，電磁石はa，bのどちらの向きに回転するか。

(3) 電磁石が図2の位置にきたとき，コイルを流れる電流の向きは，図1のときと比べてどうなるか。

(4) (3)から，図2では，AはN極，S極のどちらになるか。

(5) (4)より，電磁石はa，bのどちらの向きに回転するか。

(1)		(2)		(3)		(4)		(5)	

4 図1のような装置で，スイッチを入れて電流を流したところ，コイルは矢印の向きに動いて静止した。次の問いに答えなさい。

【3点×4】

(1) このとき，磁石による磁界の向きと，電流による磁界の向きはどうなっているか。図2のア～エからそれぞれ選び，記号で答えよ。

(2) コイルが動く向きを反対にしたい。どのようにすればよいか。簡潔に書け。

(思考) (3) 図1の装置で，電源装置の電圧を変えないで，電熱線を抵抗の値の小さいものに変え，スイッチを入れた。このとき，コイルの動きは，前のときと比べてどうなるか。次のア～ウから選び，記号で答えよ。
　ア　大きくなる。　　　　イ　小さくなる。　　　　ウ　変化しない。

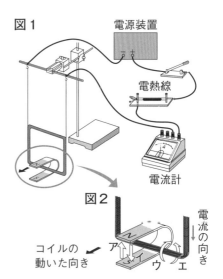

図1　電源装置　電熱線　電流計

図2　コイルの動いた向き　ア　イ　ウ　エ　電流の向き

	(1) 磁石		電流	
(2)			(3)	

5 コイルと棒磁石を用いて, 電磁誘導の実験をした。図は, 棒磁石のN極をコイルに近づけるときに, コイルに流れる誘導電流の向きを表したものである。次の問いに答えなさい。

【4点×3】

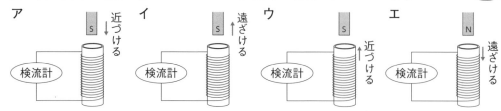

(1) 次のア〜エのように, 棒磁石やコイルを動かすとき, 図と同じ向きの電流が流れるのはどれか。記号で答えよ。

ア　近づける　S　検流計

イ　遠ざける　S　検流計

ウ　近づける　S　検流計

エ　遠ざける　N　検流計

(2) 図のコイルと棒磁石を用いて, コイルに流れる電流を大きくするにはどのようにすればよいか。簡潔に書け。

(3) この実験のような, 電磁誘導を利用して電流を得るようにした装置を何というか。

(1)		(2)		(3)	

6 次の問いに答えなさい。 【3点×4】

〈実験1〉 図1のように, ポリエチレンのひもを細かくさき, ティッシュペーパーでよくこすったところ, ひもが広がった。

図1

細かくさいたポリエチレンのひも

(1) こすったことにより, 何が発生したか。

(2) 次の文は, ひもが広がった理由について述べている。①, ②の〔　　　〕にあてはまる言葉を選び, 記号で答えよ。

　　ひもの1本1本にたまった(1)の種類が　①〔　ア　異なる　　イ　同じ　〕ため, たがいに　②〔　ア　引き合う　　イ　しりぞけ合う　〕力がはたらいたため。

〈実験2〉 次に, プラスチックの下じきをセーターでよくこすり, 図2のように, ネオン管の一端を接触させたところ, パチッと音がしてネオン管が一瞬点灯した。

(3) ネオン管が点灯したのはなぜか。簡単に説明せよ。

図2

よくこすった下じき

ネオン管

(1)		(2) ①		②	
(3)					

7 図のような装置に電流を流すと，コイルが a の向きに回転した。次の問いに答えなさい。 【4点×3】

(1) 図のような，連続した回転を得る装置を何というか。

(2) コイルに流れる電流の向きは，どのようになっているか。次のア～エから選び，記号で答えよ。

　　ア　常に A→B→C→D の向きに流れる。

　　イ　常に D→C→B→A の向きに流れる。

　　ウ　半回転ごとに向きが変わる。

　　エ　1回転ごとに向きが変わる。

(3) 磁石の N 極と S 極を入れかえて置くと，コイルの回転の向きは a，b のどちらになるか。

(1)		(2)		(3)	

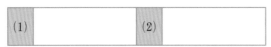

8 次の問いに答えなさい。 【4点×2】

(1) オシロスコープを用いたとき，図1のような波形に見えるのは，直流と交流のどちらか。

(2) 発光ダイオードを用いて回路をつくり点灯させ，暗所で左右に振ったとき，図2のように点線状になった。このとき用いた電流は，直流，交流のどちらか。

図1

図2

(1)		(2)	

9 図の装置で，放電管の端子 A，B に誘導コイルをつないで電圧を加えると，陰極線が明るく光って観察された。直流電源装置の＋極を C 端子に，－極を D 端子につないで電圧を加えると，陰極線は図のア～エのどの向きに曲がるか。正しいものを選び，記号で答えなさい。 【5点】

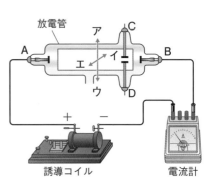

矢印ア～エは，端子 A から見たとき，アは上向き，イは左向き，ウは下向き，エは右向きを示している。

定期テスト予想問題⑥

127

カバーイラスト	サコ
ブックデザイン	next door design（相京厚史，大岡喜直）
	株式会社エデュデザイン
本文イラスト	加納徳博
図版	青木隆，株式会社アート工房，有限会社ケイデザイン
写真	出典は写真そばに記載。　無印：編集部
編集協力	東正通
データ作成	株式会社四国写研
製作	ニューコース製作委員会

（伊藤なつみ，宮崎純，阿部武志，石河真由子，小出貴也，野中綾乃，大野康平，澤田未来，中村円佳，
渡辺純秀，相原沙弥，佐藤史弥，田中丸由季，中西亮太，髙橋桃子，松田こずえ，山下順子，山本希海，
遠藤愛，松田勝利，小野優美，近藤想，辻田紗央子，中山敏治）

＼ あなたの学びをサポート！／

家で勉強しよう。
学研のドリル・参考書

URL　　　　　　https://ieben.gakken.jp/
X（旧 Twitter）　@gakken_ieben

Web ページや X（旧 Twitter）では，最新のドリル・参考書の情報や，おすすめの勉強法などをご紹介しています。ぜひご覧ください。

読者アンケートのお願い

本書に関するアンケートにご協力ください。右のコードか URL からアクセスし，アンケート番号を入力してご回答ください。当事業部に届いたものの中から抽選で年間 200 名様に，「図書カードネットギフト」500 円分をプレゼントいたします。

アンケート番号：305299

https://ieben.gakken.jp/qr/nc_mondai/

学研ニューコース問題集　中 2 理科

この本は下記のように環境に配慮して製作しました。
●製版フィルムを使用しない CTP 方式で印刷しました。
●環境に配慮して作られた紙を使っています。

【学研ニューコース】

問題集

中2理科

［別冊］

解答と解説

● 解説がくわしいので，問題を解くカギやすじ道がしっかりつかめます。

● 特に誤りやすい問題には，「ミス対策」があり，注意点がよくわかります。

「解答と解説」は別冊になっています。
本冊と軽くのりづけされていますので，はずしてお使いください。

Gakken

1 物質の分解

Step 1 基礎力チェック問題 （p.6-7）

1 (1) 分解 (2) 炭酸ナトリウム
(3) やすく，濃い (4) 電気分解

解説 (1) 物質がもとの物質とは性質のちがう2種類以上の物質に分かれる化学変化のこと。
(4) 水に少量の水酸化ナトリウムを加えて電流を流し，電気分解をすると，陰極に水素，陽極に酸素が2：1の体積比で発生する。

2 (1) 二酸化炭素 (2) 水 (3) 分解（熱分解）
(4) 炭酸ナトリウム

解説 (1) 石灰水を白くにごらせる気体は二酸化炭素。
(2) 水は青色の塩化コバルト紙を赤（桃）色に変える。
(3)(4) 炭酸水素ナトリウムを加熱すると，炭酸ナトリウム，二酸化炭素，水に分解する。

3 (1) 酸素 (2) 銀 (3) 酸素

解説 (1) 火のついた線香を入れたとき，線香が炎を上げて燃える気体は酸素。
(2)(3) 酸化銀を加熱すると，銀と酸素に分解する。

4 (1) A…水素　B…酸素 (2) 2：1

解説 水を電気分解すると，陰極に水素，陽極に酸素が，2：1の体積比で発生する。

Step 2 実力完成問題 （p.8-9）

1 (1) 例 発生した液体が加熱部分に流れて，試験管が割れないようにするため。
(2) 例 ガラス管を石灰水から出す。
(3) 記号…ウ　名称…水
(4) 液体の試薬…フェノールフタレイン溶液
（BTB溶液）　名称…炭酸ナトリウム

解説 (2) ガスバーナーの火を消すと，試験管内の空気の圧力（圧力➡本冊 p.74）が下がり，石灰水がガラス管から逆流して試験管に入るおそれがあり危険。
(4) 炭酸ナトリウムは，炭酸水素ナトリウムに比

べ，水にとけやすく，より強いアルカリ性を示す。
フェノールフタレイン溶液は，水溶液がアルカリ性ならば赤色に変わり，より強いアルカリ性ほど赤色は濃くなる。緑色のBTB溶液は，アルカリ性で青色を示す。

2 (1) 例 もともと試験管やガラス管内にあった空気が混ざっているから。
(2) 酸素 (3) 銀 (4) ア

解説 (2)(3) 酸化銀は加熱によって，酸素と銀に分解する。
(4) 磁石につく金属は，鉄やニッケルなどで，すべての金属が磁石につくわけではない。

3 (1) イ (2) 陰極の気体…エ　陽極の気体…イ
(3) 6分

解説 (1) 純粋な水は電流が流れにくい。
(2) 少量の水酸化ナトリウムを加えた水を電気分解すると，陰極に水素，陽極に酸素が発生する。
(3) 発生する気体の体積比は陰極：陽極＝2：1なので，3分間で陰極に発生した気体の体積は $4.5 \times \frac{2}{3} = 3.0 \ cm^3$　よって6 cm^3 になるのは6分後。

4 (1) エ (2) 銅

解説 (1)(2) 塩化銅水溶液を電気分解すると，陰極に銅が付着し，陽極から塩素が発生する。塩素は特有の刺激臭がある黄緑色の気体で，水にとけやすい。また，有毒な気体なので，換気して実験を行う。

5 例 酸化銀──→銀＋酸素
例 水──→水素＋酸素

2 原子・分子と物質の表し方

Step 1 基礎力チェック問題 （p.10-11）

1 (1) 原子 (2) 分子 (3) 単体
(4) H, O, Fe (5) 化学式 (6) H_2O, CO_2

解説 (1)(2) 原子は物質をつくる最小の粒子，分子は原子がいくつか集まってできているもの。
(3) 単体は1種類の元素からできている物質。化合物は2種類以上の元素からできている物質をいう。

2 (1) ア…酸素分子　イ…水素分子　ウ…水分子
エ…二酸化炭素分子 (2) 単体 (3) 化合物

解説 (1) いずれも代表的な分子のモデルである。

(2)(3) **ア**, **イ**は1種類の原子からなるので単体，**ウ**, **エ**は2種類の原子からなるので化合物である。

3 (1) ①H ②N ③S ④Cu ⑤Na

(2) ①炭素 ②酸素 ③塩素
④マグネシウム ⑤鉄 ⑥銀

(3) ①物質名…二酸化炭素 化学式…CO₂

②物質名…塩化ナトリウム
化学式…NaCl

解説 (3) 化学式では原子の数「1」は省略する。塩化ナトリウムは化合物で分子をつくらない物質であり，塩素原子とナトリウム原子の数の割合が1：1でたくさん集まってできている。

Step 2 実力完成問題 （p.12-13）

1 **ア, エ**

解説 水は水素原子と酸素原子，酸化鉄は鉄原子と酸素原子，二酸化炭素は炭素原子と酸素原子が結びついた化合物である。空気は混合物。

2 (1) 固体 (2) 化合物

(3) 原子の集まり方だけが変わる。

解説 (1)(2) 2種類の原子が，規則正しく並んでいるので，固体の化合物を表している。

> **ミス対策** (3) 物質はその状態が変化しても，物質をつくっている原子そのものは変化しない。

3 **ウ, エ, ク**

解説 原子は，化学変化によって，種類が変わったり，なくなったり，新しくできたりしない。

4 ① ○●○(●○○) ② ●○● ③ ○○ ④ ●●

解説 ①酸素原子1個に水素原子2個が結びついている。

②炭素原子1個に酸素原子2個が結びついている。

5 (1) ①化学式…CO₂ 名称…二酸化炭素

②化学式…CuO 名称…酸化銅

③化学式…FeS 名称…硫化鉄

④化学式…Cl₂ 名称…塩素

⑤化学式…C 名称…炭素

(2) ①, ②, ③

解説 (1) 化合物の化学式では元素記号を書く順番

が決まっていることに注意。一般に，金属の原子は先に，酸素原子はあとに書く。

> **ミス対策** (2) 化学式の元素記号が2種類以上のものは化合物，1種類のものは単体。

6 (1) **ア** (2) 陰極…H₂ 陽極…O₂

解説 (1) **イ**は水酸化カルシウム，**ウ**は塩化ナトリウム，**エ**は塩化水素の化学式。

7 例 酸素は原子が2個結びついて分子をつくっているので，モデルが2個必要であるため。

解説 酸化銀のモデル○●○1個だと，○●○(酸化銀)⟶○ ○(銀)＋●(酸素)となってしまい，酸素分子として表すことができない。

---

3 物質の結びつきと化学反応式

Step 1 基礎力チェック問題 （p.14-15）

1 (1) 硫化鉄 (2) ちがう, つかない
(3) 硫黄 (4) 化学反応式

解説 (3) 銅と硫黄が結びついてできる硫化銅は，黒色のもろい固体で，もとの銅とも硫黄とも性質がちがう。

(4) 化学反応式では，矢印の左右で各原子の数が同じになるようにする。

2 (1) 硫化鉄 (2) B (3) B (4) 水素 (5) 化合物

解説 (2) **B**は，鉄と硫黄が混ざり合っているだけなので，鉄の性質も硫黄の性質も示す。

(3)(4) 硫化鉄（**A**）にうすい塩酸を加えると，ゆで卵のようなにおいの気体（硫化水素）が発生する。**B**では，鉄とうすい塩酸が反応して水素が発生する。

3 (1) ①イ ② 2H₂O ⟶ 2H₂＋O₂
（2H₂O ⟶ O₂＋2H₂） (2) ウ

解説 (1) ①水素，酸素は，それぞれの原子が2個結びついた分子の形で存在する。

(2) 銅は銅原子がたくさん集まってできているので化学式は元素記号のCuで表される。酸素は酸素原子が2個結びついて分子をつくっているので化学式はO₂，酸化銅は銅原子と酸素原子が1：1の数の割合でたくさん結びついてできているので化学式はCuOである。矢印の左右で各原子の数が等しくなるように，CuとCuOに係数2をつけ

る。

実力完成問題 （p.16-17）

1 (1) H_2　(2) 例 鉄と硫黄が反応するとき発生する熱で反応が進むから。

　(3) エ　(4)①ア　②イ

解説 (1) 鉄と塩酸が反応して水素が発生した。硫黄は塩酸と反応しない。

(2) 鉄と硫黄が結びつくときに発生する熱で反応が進んでいく。「余熱で反応が進む」は誤答。

(3) 発生する気体は硫化水素。

2 (1) $2Cu$　(2) CO_2, H_2O（順不同）　(3) S, CuS

解説 (2) ナトリウム原子は，矢印の左右ですでに2個ずつある。水素原子は，矢印の左側に2個あり，右側の水は H_2O と表せる。また，炭素原子は矢印の左側に2個あり，右側にすでに1個あるから，右側の二酸化炭素を CO_2 で表すことができる。最後に酸素原子の個数を確認する。

3 (1) $2Ag_2O \longrightarrow 4Ag + O_2$

　(2) $2Mg + O_2 \longrightarrow 2MgO$

解説 (1) まず，酸素原子の数を矢印の左右で合わせるために左側を $2Ag_2O$ とし，次に，銀原子の数を合わせるために，右側を $4Ag$ とする。

(2) マグネシウムは分子をつくらない単体なので，化学式は元素記号 Mg で表される。

4 (1) $2H_2 + O_2 \longrightarrow 2H_2O$　(2) $C + O_2 \longrightarrow CO_2$

　(3) $Fe + S \longrightarrow FeS$　(4) $N_2 + 3H_2 \longrightarrow 2NH_3$

解説 (1) $O_2 + 2H_2 \longrightarrow 2H_2O$ のように，矢印の左側の化学式の順番が入れかわっていても正解。水素，酸素，水のいずれも分子をつくる物質。

(3) 硫化鉄は，鉄原子と硫黄原子が1：1の数の割合でたくさん結びついてできている。

(4) アンモニアの化学式は NH_3 で，窒素（N_2）は分子をつくるので，右側を $2NH_3$ とし，水素原子の数を合わせるために，左側を $3H_2$ とする。

5 (1) $2NaHCO_3 \longrightarrow Na_2CO_3 + CO_2 + H_2O$

　(2) $CuCl_2$, Cl_2

解説 (1) 炭酸水素ナトリウム（$NaHCO_3$）の分解である。発生する気体は石灰水に通すと白濁することから，二酸化炭素（CO_2）であるとわかる。

4 酸化と還元

基礎力チェック問題 （p.18-19）

1 (1) 酸化　(2) 酸化銅　(3) マグネシウム

　(4) 酸化鉄，酸化物　(5) 還元

解説 (2)(4) 酸化によってできた物質は酸化物。

2 (1) 酸素　(2) ア　(3) ア　(4) 酸化鉄　(5) 水素

解説 (1)(4) 空気中で鉄を熱すると，空気中の酸素と結びついて酸化鉄になる。　鉄＋酸素──→酸化鉄

3 (1) 赤色　(2) 黒色　(3)①酸素　②酸化銅

　(4) 大きくなる。

　(5) 例 空気中の酸素と結びつくから。

解説 (1)(2) 銅は赤色で，酸素と結びついて酸化銅になると黒色に変化する。

(4)(5) 銅と酸素が結びついて酸化銅ができるとき，結びついた酸素の分だけ質量が大きくなる。

実力完成問題 （p.20-21）

1 (1) 例 激しく熱や光を出しながら燃える。

　(2) 例 びんの中の酸素がなくなったから。

　(3) イ　(4) 例 マグネシウムには金属光沢があるが，酸化マグネシウムには金属光沢がない。

解説 (2)(3) びんの中の気体が体積で約 $\frac{1}{5}$ 減ったのは，マグネシウムの燃焼でびんの中にふくまれていた酸素が使われたからである。

> ミス対策 (3) 空気中には，体積で窒素が約 $\frac{4}{5}$，酸素が約 $\frac{1}{5}$ ふくまれている。炭素（C）をふくむ有機物の燃焼ではないので，二酸化炭素は発生しない。

(4) ほかに，マグネシウムには電流が流れ，さわってもくずれないが，酸化マグネシウムには電流が流れず，さわるとぼろぼろとくずれるなど。

2 (1) 白くにごる。　(2) 赤色

　(3) $2CuO + C \longrightarrow 2Cu + CO_2$　(4) 酸化銅

　(5) 例 酸化物が酸素をうばわれる化学変化

解説 (1) 酸化銅にふくまれていた酸素が炭素と結びついて二酸化炭素ができる。

(2) 酸化銅は炭素に酸素をうばわれて銅になる。銅は赤色をした金属である。

(3)(4)
$$\overbrace{酸化銅 \ + \ 炭素 \ \rightarrow \ 銅}^{還元された} \ + \ 二酸化炭素$$

酸化された（炭素）

3 (1) イ　(2) 酸素　(3) 例 石灰水に通すと石灰水
が白くにごる。　(4) 有機物
(5) 例 ろうそくの燃焼は，成分の水素と炭素が
酸素と結びつく変化（酸化）だが，炭酸水素ナ
トリウムの加熱は熱による分解である。

解説 (1) 青色の塩化コバルト紙に水がふれると，
塩化コバルト紙は赤（桃）色に変化する。
(2) 水（H_2O）は水素原子（H）2個と酸素原子（O）1
個が結びついてできる。
(5) 炭酸水素ナトリウムの分解を化学反応式で表
すと，次のようになる。
$$2NaHCO_3 \longrightarrow Na_2CO_3 \ + \ CO_2 \ + \ H_2O$$
炭酸水素ナトリウム　　炭酸ナトリウム　　二酸化炭素　　水
ろうそくに成分として水素と炭素がふくまれてい
るので，これらが空気中の酸素と結びつくと，二
酸化炭素と水ができる。

4 (1) 炭素（活性炭）　(2) 物質X　(3) 還元
(4) 例 ガラス管を石灰水の中から出す。
(5) 例 ゴム栓をしないと，空気が試験管Aの中
に入ってきて，炭素が空気中の酸素と結びつ
いてしまい，還元される酸化銅の量が減って
しまう。

解説 (1) 二酸化炭素が発生したことから，物質X
は炭素をふくむ物質であることがわかる。
(2) 酸化銅は，ふくまれる酸素が物質X（炭素）に
うばわれて銅に変化し，物質Xは酸化銅からう
ばった酸素と結びついて二酸化炭素に変化する。
(5) 加熱後は，ゴム管をピンチコックでとめること
で，酸素が試験管Aに入り銅と結びつくのを防ぐ。

5　化学変化と質量の変化

Step 1　基礎力チェック問題 （p.22-23）

1 (1) 質量保存　(2) 小さく
(3) 酸素と結びつい，大きく　(4) 比例
解説 (2) 発生した気体が空気中に逃げるため，そ
の分の質量が小さくなる。

2 (1) 二酸化炭素　(2) 小さくなる。
(3) 変わらない。　(4) ア

解説 (1) 炭酸水素ナトリウムとうすい塩酸を混ぜ
合わせると，次のように反応して二酸化炭素が発
生する。
$$NaHCO_3 + HCl \longrightarrow NaCl + CO_2 + H_2O$$
(3) 発生した気体は密閉容器の中にある。
(4) このとき，全体の質量は，逃げた気体の分だけ
小さくなっている。

3 (1) 5g　(2) 酸化銅　(3) 4：1
解説 (1) 銅と酸化物（酸化銅）の質量は比例の関係
にある。グラフより，0.8gの銅から1.0gの酸化
物ができているので，4gの銅から得られる酸化
物の質量をxgとすると，$0.8：1.0 = 4：x$　$x = 5$g
(3) 結びついた酸素の質量＝酸化銅の質量－銅の
質量である。よって，質量の比は，
銅：酸素 $= 0.8：(1.0 - 0.8) = 4：1$

Step 2　実力完成問題 　　（p.24-25）

1 (1) 例 白い沈殿ができる。　(2) ウ
(3) 質量保存の法則
解説 (1) 白い沈殿は硫酸バリウム。
(2) 反応の前後で空気中への物質の出入りはない。

2 (1) 例 空気中の酸素にふれやすくするため。
(2) 3：2　(3) 40g　(4) ウ
解説 (2) 図2のグラフより，マグネシウムの質量
が0.6gのとき，結びついた酸素の質量は0.4gで
あるから，質量の比は，$0.6：0.4 = 3：2$である。
(3) マグネシウム24gと結びつく酸素の質量は，
$24g \times \dfrac{2}{3} = 16g$である。したがって，求める酸化
マグネシウムの質量は，$24 + 16 = 40g$となる。マ
グネシウムの質量：酸化マグネシウムの質量＝
3：5として求めることもできる。
(4) 鉄は酸化されやすいため，鉄皿を使うと，反応
後の質量に鉄と結びついた酸素の分もふくまれて
しまう。

3 (1) 4種類
(2) 3：5
(3) 45g
(4) 右図
(5) 15g

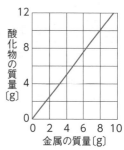

解説 (1) 同じ金属であれば，金属の質量と結びつく酸素の質量の比は一定である。したがって，原点を通る直線を引いたとき，同一直線上の点(**a**, **c**, **e**, **g** と **b**, **f**, **i**, **j**)は同じ種類の金属を表す。

(2) **g** の金属と **e** の金属は同じ種類である。よって，金属の質量が6gのとき，結びついた酸素の質量は4gだから，金属と酸化物の質量の比は，6：(6＋4)＝3：5である。

(3) **f** の金属と **i** の金属は同じ種類である。よって，金属の質量が8gのとき，結びついた酸素の質量は2gだから，金属と酸化物の質量の比は，8：(8＋2)＝4：5である。したがって，36gの金属が完全に酸化されると，$36 \times \frac{5}{4} = 45$gの酸化物ができる。

(4) **b** の金属と **i** の金属は同じ種類である。(3)より，金属と酸化物の質量の比は4：5で，原点を通る直線をかく。

(5) **a** の金属は **e** の金属と同じである。よって，金属の質量と酸素の質量の比が3：2のとき，過不足なく結びつく。したがって，6gの酸素が結びつく金属の質量は，$6 \times \frac{3}{2} = 9$gであるから，生じる酸化物の質量は，6＋9＝15g

④ (1) **20 cm³** (2) 気体名…**酸素** 体積…**5 cm³**

解説 (2) グラフより，酸素と水素が反応するときの体積の比は，酸素：水素＝1：2なので，水素10 cm³と過不足なく反応する酸素の体積は，$10 \text{ cm}^3 \times \frac{1}{2}$＝5 cm³である。よって，酸素が，10－5＝5 cm³残る。

⑤ **8：3**

解説 グラフより，銅と結びつく酸素の質量の比は，4.0：(5.0－4.0)＝4：1　同様にマグネシウムと結びつく酸素の質量の比は，3.0：(5.0－3.0)＝3：2である。よって，これらの比の酸素の値を等しくすると，銅：マグネシウム：酸素＝8：3：2である。

6 化学変化と熱

Step 1 基礎力チェック問題 （p.26-27）

① (1) 発生 (2) 上げる (3) 発熱 (4) 吸収
(5) 吸収 (6) 水にとける (7) 吸熱

解説 (1)(2) 物質が酸化(燃焼)すると，温度は上がる。
(4)(5) 化学変化を行うために外部から熱を吸収す

るとき，温度が下がる。

② (1) **イ** (2) **酸化**

解説 鉄が酸化するときに熱が生じる。この化学変化を利用したものが化学かいろである。

③ (1) **アンモニア** (2) 例 発生するアンモニアのにおいをおさえるため。
(3) **下がる。** (4) **ウ**

解説 (2) アンモニアは有毒で刺激臭があるため，ぬれたろ紙でふたをして，空気中に出ないようにする。アンモニアは非常に水にとけやすいので，ろ紙にふくまれる水にとけて外部にもれなくなる。

④ **ア…△ イ…○ ウ…△ エ…○**

解説 温度が上がる変化は，物質が酸化(燃焼)するときなど。温度が下がる変化は，化学変化を行うために外部から熱を吸収するとき。

Step 2 実力完成問題 （p.28-29）

① (1) **エ** (2) **イ** (3) **H₂**

解説 (1) 鉄が酸化するときに熱が生じる。
(2)(3) この反応は発熱反応で，水素が発生する。

② (1) **熱** (2) **イ** (3) **酸化鉄** (4) **吸収する。**

解説 化学かいろは，鉄と酸素が結びつくときに出る熱を利用している。また，冷却パックは硝酸アンモニウムが水にとけるときに熱を吸収することを利用している。

③ (1) **鉄の酸化** (2) **得られない。**
(3) **水にとけるとき。** (4) **発熱反応**
(5) ① **2** ② **2** ⑦ **CO₂**

解説 (5) メタンが燃焼すると二酸化炭素と水ができる。炭素原子の数を矢印の左右で合わせるために⑦のCO₂の係数は1になり，水素原子の数を合わせるために②は2，最後に酸素原子の数を合わせるために①は2となる。

④ (1) **ア，イ，エ** (2) **ア** (3) **エ**

解説 (1) 反応のとき発熱をともなう化学変化を選ぶ。ウの化学変化はまわりから熱を吸収する。
(3) 酸化は，物質が酸素と結びつく化学変化である。

⑤ 例 **ガスなどを燃焼させて料理をしている。**

解説 鉄の酸化を利用して熱を得る化学かいろなどもある。

1 (1) 例 水が逆流して，加熱した試験管が割れるのを防ぐため。　(2) エ　(3)①赤(桃)　②水

解説 (1) ガスバーナーの火を消すと，加熱している試験管内の空気の圧力(圧力➡本冊 p.74)が下がり，ガラス管から水が逆流して試験管内に入り，試験管が割れるおそれがある。

(2) 炭酸水素ナトリウムは加熱すると，炭酸ナトリウム，二酸化炭素，水に分解する。炭酸ナトリウムは，炭酸水素ナトリウムよりも水にとけやすく，水溶液はアルカリ性が強い。

(3) 水は青色の塩化コバルト紙を赤(桃)色に変える。

2 (1) 硫化銅　(2) イ

解説 (1) 銅と硫黄が結びついて硫化銅ができた。

(2) この反応は化学変化。化合物は結びつく前のどの物質とも性質の異なる別の物質である。

3 (1) ウ→イ→エ→ア

(2) $2H_2+O_2 \longrightarrow 2H_2O$($O_2+2H_2 \longrightarrow 2H_2O$)

(3) 例 水が分解されて減るため濃度は大きくなる。

解説 (2) 陰極側に水素，陽極側に酸素が2：1の体積の比で発生する。水素が燃えると水ができる。

(3) 溶媒である水の質量は分解されて減少し，溶質である水酸化ナトリウムの質量は変わらないから，濃度は大きくなる。

4 (1)①ウ，カ　②ア，キ　③イ，ク

(2)① Ag　② O_2　③ CuO　④ NH_3

解説 (1)①空気は，窒素，酸素，二酸化炭素などの気体の混合物である。

②分子をつくる物質は，水，塩素，二酸化炭素。このうち，2種類以上の元素からできている化合物を選ぶ。

③単体は，1種類の元素からできている。

(2)①銀原子がたくさん集まってできているので銀。化学式は元素記号と同じ。

④窒素原子1個に水素原子3個が結びついて分子をつくっているのでアンモニア。

5 (1) CO_2　(2) ウ

解説 (1) 次の反応が起こり二酸化炭素が発生する。$HCl + NaHCO_3 \longrightarrow NaCl + CO_2 + H_2O$

(2) 発生した気体も密閉容器内にあるので，反応の前後で容器全体の質量は変わらない($a=b$)が，容器のふたをゆるめると発生した気体が容器の外へ逃げるため，反応前よりも質量が小さくなる($a>c$)。

6 (1)①○　②△　③○　④○　(2) イ

解説 (1)②の反応では，熱を吸収して温度が下がる。

7 (1) イ　(2) ウ，エ　(3) ア

解説 金属資源は酸化物で存在していることが多いため，純粋な金属をとり出すためには還元する必要がある。還元には，炭素，水素などの酸素と結びつきやすい物質を使う。

8 (1) エ　(2) イ　(3) 25.0 g

(4) $2Cu+O_2 \longrightarrow 2CuO$($O_2+2Cu \longrightarrow 2CuO$)

(5) 右図

(6) (銅：酸素＝)

　　4：1

(7) 40%

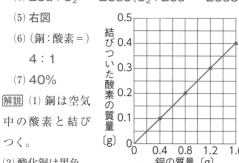

解説 (1) 銅は空気中の酸素と結びつく。

(2) 酸化銅は黒色。マグネシウムを加熱するとウのようになる。

(3) 1.60 g の銅から 2.00 g の酸化銅ができているので，20.0 g の銅から得られる酸化銅の質量を x g とすると，$1.60:2.00=20.0:x$　$x=25.0$ g

(6) 銅と酸素は $1.60:(2.00-1.60)=4:1$ の質量の比で結びついている。酸化銅は銅原子と酸素原子が1：1の数の比でたくさん結びついてできているので，結びつく質量の比は原子1個の質量の比に等しい。

(7) 銅と結びついた酸素の質量は，$3.3-3.0=0.3$ g 酸素と反応した銅の質量を x g とすると，$x:0.3=4:1$　$x=1.2$ g
よって，$\frac{1.2}{3.0} \times 100=40$%の銅が酸素と反応した。

9 (1) $2Mg+O_2 \longrightarrow 2MgO$

(2) $2H_2+O_2 \longrightarrow 2H_2O$

(3) $2CuO+C \longrightarrow 2Cu+CO_2$

解説 (1) まず，矢印の左側の酸素原子の数に注目すると，酸素原子の数は2個であるから，矢印の右側の MgO (酸化マグネシウム)の係数は2になる。よって，矢印の左側のマグネシウム原子の係数も2となる。

1 生物のからだをつくる細胞

Step 1 基礎力チェック問題 （p.34-35）

1 (1) 細胞 (2) 核 (3) 細胞膜 (4) 葉緑体
(5) 多細胞生物 (6) 器官

解説 (1) からだをつくる最小の基本単位。

(2) 生命活動の中心で, ふつう1つの細胞に1つある。

(3) 液胞, 細胞壁, 葉緑体は植物細胞だけに見られる。

(4) 緑色の粒で, 光合成を行う。

(5) からだが多くの細胞からできている生物が多細胞生物で, 1つの細胞でできている生物は単細胞生物。

2 (1) ア…細胞壁 イ…細胞膜 ウ…葉緑体
エ…液胞 オ…核

(2) オ (3) イ, ウ (4) ア, ウ, エ

解説 (1) アは細胞壁といい, じょうぶなつくりをしている。ウは葉緑体で, 光合成を行う。

(2)(3) オは核で, 細胞を観察するときは酢酸オルセイン液や酢酸カーミン液で染めて観察する。

3 (1) A…ミカヅキモ B…アオミドロ
C…ゾウリムシ D…ミジンコ

(2) 単細胞生物 (3) A, C (4) イ

解説 (2) 生物の多くは多細胞生物であり, 細菌などを除けば単細胞生物のなかまは少ない。

(3) アオミドロ, ミジンコは多細胞生物である。からだの大きさで, 単細胞生物, 多細胞生物を区別しない。

(4) 単細胞生物は, 1つの細胞で栄養分の吸収や不要物の排出など, いろいろなはたらきをしている。

Step 2 実力完成問題 （p.36-37）

1 (1) イ, エ (2) ①せまくなる。 ②暗くなる。
(3) ウ

解説 (1) 顕微鏡は直射日光の当たらない明るい場所に置き, はじめは低倍率で観察する。

(2) 高倍率にすると, せまい範囲を拡大して見ることになり, 一定面積が受ける光の量が少なくなるので視野は暗くなる。

2 (1) 葉緑体 (2) 核
(3) 記号…ア 名称…液胞
記号…イ 名称…葉緑体
記号…エ 名称…細胞壁

解説 ウは核, オは細胞膜である。

3 (1) エ (2) ①細胞膜 ②核
(3) ③ (4) 細胞の呼吸(細胞呼吸, 細胞による呼吸, 内呼吸)

解説 (1) 核は, 酢酸オルセイン液や酢酸カーミン液で赤色に染まる。

4 (1) B (2) 例 細胞壁がないから。
(3) A (4) 例 葉緑体がないから。
(5) イ, ウ

解説 (1)(2) 動物の細胞には葉緑体や細胞壁, 液胞は見られない。

(3)(4) 植物の表皮の細胞には葉緑体はない。

(5) アは細胞壁, イは細胞膜, ウは核である。

2 光合成と呼吸

Step 1 基礎力チェック問題 （p.38-39）

1 (1) 光合成 (2) 二酸化炭素, 水（順不同）
(3) 酸素 (4) 光 (5) 葉緑体 (6) 呼吸
(7) 1日中 (8) 昼 (9) 酸素

解説 (9) 昼間は, 光合成と呼吸が同時に行われているが, 呼吸による気体の出入りよりも, 光合成による気体の出入りの方が多いため, 全体として酸素が多く出される。

> ミス対策 呼吸は1日中行われている。

2 (1) ア…二酸化炭素 イ…酸素 ウ…光
(2) 葉緑体

解説 光合成は, 植物が葉緑体で, 光のエネルギーを利用して, 二酸化炭素と水からデンプンなどの栄養分をつくり出すはたらきである。このとき, 酸素もつくられる。

3 (1) 葉緑体 (2) a

解説 (1) 葉の細胞の中の緑色の小さな粒は葉緑体である。

(2) 光合成は葉緑体で行われるので, 葉緑体にデンプンができ, ヨウ素液で青紫色に変化する。

4 (1) ア (2) 呼吸

解説 アでは, 光合成と呼吸が行われているが, 光合成の方がさかんなので, 全体として二酸化炭素が減少する。イでは, 光が当たらないため呼吸だけが行われ, 二酸化炭素が増加する。ウは, はじめに二酸化炭素をふきこんでいるので, 白くにごる。

Step 2 実力完成問題 (p.40-41)

1 (1) 例 葉のデンプンをなくすため。

　(2) 例 エタノールは引火しやすいから。

　(3) ヨウ素(溶)液 (4) エ

解説 (1) 日光を受けて, 葉にデンプンができることを調べる実験だから, 実験の前は葉にデンプンが残っていないようにする必要がある。

(4) ふの部分には葉緑体がない。また, アルミニウムはくでおおわれている部分は日光が当たらない。これらの部分では光合成が行われないので, デンプンはできない。

2 (1) 二酸化炭素 (2) 呼吸 (3) ウ

解説 (2) 発芽中の種子はさかんに呼吸をしている。

(3) ポリエチレンの袋の中で二酸化炭素が増加したのは, 発芽中の種子によるものであることを確かめるには, ポリエチレンの袋に何も入れないものを用意し, ほかの条件は同じにして実験を行って比べる。

3 (1) 酸素 (2) ア (3) X…呼吸

　Y…光合成 (4) ア (5) 例 オオカナダモの呼吸で発生する二酸化炭素が, 水にとけると酸性を示すから。

解説 BTB溶液は, アルカリ性で青色, 中性で緑色, 酸性で黄色を示す。Aでは呼吸も行われているが, 光合成の方がさかんに行われているので, 全体としては酸素は増加し, 二酸化炭素が減少した(BTB溶液は緑色→青色)。Bでは呼吸だけが行われているので, 酸素が減少して二酸化炭素が増加し, 二酸化炭素が水にとけて酸性になった(緑色→黄色)。Cは変化がないので緑色のままだった。

4 例 どの葉にも日光が当たる点。

解説 光が当たる葉が多いほど, 光合成によって多くの栄養分をつくり出すことができる。

3 植物の水の通り道と蒸散

Step 1 基礎力チェック問題 (p.42-43)

1 (1) 道管 (2) 師管

　(3) 輪状に並んでいる

　(4) 散らばっている (5) 気孔, 蒸散

　(6) 酸素, 二酸化炭素(順不同)

解説 (5) 気孔は三日月形の孔辺細胞に囲まれた穴(すきま)である。

(6) 光合成では, 気孔から二酸化炭素が吸収され, 酸素が出される。一方, 呼吸では, 気孔から酸素が吸収され, 二酸化炭素が出される。

2 (1) 双子葉類 (2) B

解説 (1) Aは維管束が輪のように並んでいるから双子葉類の茎の断面を表している。なお, Bは維管束が全体に散らばっているから単子葉類の茎の断面である。

(2) ユリは子葉が1枚の単子葉類である。

3 (1) 記号…C 名称…道管

　(2) 記号…B 名称…師管 (3) 維管束

　(4) ア

解説 (1)(2)(3) 道管と師管が集まって束のようになっているEを維管束という。根から吸収された物質の通り道は道管で, 維管束の内側にある。これに対して, 葉でつくられた栄養分の通り道となるのは師管で, 維管束の外側にある。

(4) ホウセンカは維管束が輪のように並んでいる双子葉類である。ア～エのうち双子葉類はヒマワリで, それ以外は単子葉類。

4 (1) B, C (2) 記号…D 名称…道管

　(3) E (4) 気孔

解説 (1) Aの表皮細胞には葉緑体はふくまれていない。

(2) 葉では, 道管はDとEが集まった維管束(葉脈)の上側にある。「水道管は上にある」と覚えておこう。

(3) 師管は維管束(葉脈)の下側にある。

(4) 葉の表面にある穴は気孔である。

1 (1) 根毛　(2) 水　(3) 道管

解説 (1)(2)根毛は，根の表面積を大きくし，水や水にとけた養分を効率よく吸収するつくりである。

(3) 根毛から吸い上げた水や養分は，道管を通る。

2 (1) イ　(2) D

解説 (2) 道管を通して赤インクをとかした水を吸い上げるので，道管が最も赤く染まる。

> ミス対策 道管は茎の内側，師管は茎の外側を通る。

3 (1) 水　(2) イ

(3) 例 気孔の多い葉の裏側で蒸散がさかんに行われたから。

解説 (1)(2) 青色の塩化コバルト紙に水をつけると，赤(桃)色に変化する。

(3) 気孔はふつう，葉の表側より裏側に多いから，裏側の方が蒸散によって出る水蒸気の量が多く，塩化コバルト紙の色が変化するのにかかった時間は裏側の方が短くなる。

4 (1) A→B→C　(2) 記号…H　名称…気孔

(3) F　(4) 葉の裏　(5) 蒸散　(6) 葉緑体

解説 (1)(4) 葉の表面にワセリンをぬると，気孔がふさがれて蒸散が行われにくくなる。表裏ともワセリンをぬっていないAが最もさかんに蒸散が行われたと考えられる。よって水が最も減少したのはAである。一般に，気孔は葉の裏側に多いことから，水の減る量は，Aの次にBが多い。

(2) 蒸散は，気孔を通して行われている。

(3) Fは道管，Gは師管である。

(5)(6) Xは気孔，Yは孔辺細胞である。葉の表皮の細胞（D）にはふつう葉緑体はふくまれないが，孔辺細胞には葉緑体がふくまれる。

5 右の図

解説 アブラナの茎の維管束は輪状に並ぶ。また，道管は茎の内側，師管は茎の外側を通る。

1 (1) A…ステージ　B…反射鏡

(2) イ→ア→エ→ウ　(3) 気泡（空気）が入らないようにするため。　(4) 400倍

解説 (4) 10×40＝400倍

2 (1) 核　(2) 例 （細胞の形を維持し，）植物のからだを支える。　(3) ウ

解説 (1) 核は染色液によく染まるので，観察しやすくなる。

(2) 植物の細胞の厚いしきりは細胞壁である。

(3) 植物の表皮の細胞には葉緑体がない。

3 (1) 多細胞生物　(2) ①組織　②器官

(3) ア, ウ, オ　(4) ウ

解説 (1) 多細胞生物に対して，からだが1つの細胞でできている生物を単細胞生物という。

(2) ①植物では表皮組織などがあてはまる。②植物では根・茎・葉などがあてはまる。

(3) 細胞膜と核は，植物，動物の両方の細胞に見られる。

(4) 光合成は，緑色の粒である葉緑体で行われる。

4 (1) 例 葉を脱色するため。　(2) AとC　(3) ウ

解説 (1) 葉の緑色をぬくと，ヨウ素液を加えたときの色の変化が見やすくなる。

(2) 光合成の実験で，光合成に光が必要かどうかを調べるには，葉緑体があって，光が当たっているところと当たっていないところで比較する。

(3) ふの部分には葉緑体がない。

5 (1) A…二酸化炭素　B…酸素　(2) 気孔

(3) 蒸散　(4) ウ　(5) C

解説 (2)(3) 蒸散で放出する水蒸気のほかにも，光合成や呼吸に関係する二酸化炭素や酸素も気孔を通して出入りする。

(4) 光合成によってつくられたデンプンは，水にとけやすい物質に変えられて師管を通る。

(5) ヒマワリは双子葉類なので，茎の維管束は輪状に並んでいる。また，師管は茎の外側に位置する。

6 (1) 根毛　(2) イ　(3) 記号…ウ　名称…道管

(4) 気孔　(5) D, E

解説 (2) 双子葉類を選ぶ。

(3) Bが食紅によって赤く染色されたことから，根で吸収した水や養分の通り道である道管とわかる。

7 (1) 例 水面からの水の蒸発を防ぐため。

(2) 葉の表…6 cm³　葉の裏…17 cm³

(3) 例 ホウセンカの葉では表よりも裏に気孔が多くある。

解説 (1) 油は水面に浮かび, 水の蒸発を防ぐはたらきをする。

(2) A～Dの蒸散する場所と水の減少量(蒸散量)は, 次のようになる。

装置	A	B	C	D
蒸散する場所	葉の表葉の裏茎	葉の表茎	葉の裏茎	茎
蒸散量	25 cm³	8 cm³	19 cm³	2 cm³

これより, 葉の表からの蒸散量は, A－CまたはB－Dで求められ, 葉の裏からの蒸散量は, A－BまたはC－Dで求められる。

(3) 蒸散は気孔を通して行われているので, 蒸散量が多い葉の裏に気孔が多くあると考えられる。

4　消化と吸収

Step 1　基礎力チェック問題 (p.50-51)

1 (1) 消化　(2) 消化酵素

(3) アミラーゼ, デンプン

(4) 胆汁

(5) アミノ酸　(6) 柔毛

解説 (2) 消化酵素は, それ自身は変化しないで, 食物中の栄養分を吸収されやすい物質に分解する。

(3) ペプシンは, 胃液にふくまれる消化酵素で, タンパク質を分解する。

(6) 消化された栄養分は, 柔毛の表面の細胞を通して, 内部の毛細血管やリンパ管に吸収される。

2 (1) オ　(2) 消化酵素　(3) エ　(4) 肝臓

(5) ウ

解説 (2)(3) だ液には, アミラーゼという消化酵素がふくまれていて, デンプンを麦芽糖(ブドウ糖が2個つながったもの)に分解するはたらきがある。

(4) Aはヒトの内臓の中で最も大きな器官である肝臓で, 消化液の一種である胆汁をつくっている。

3 (1) 柔毛　(2) リンパ管　(3) ア, イ

解説 小腸にある柔毛は栄養分を吸収する。食物

にふくまれていたデンプンはブドウ糖の形で, タンパク質はアミノ酸の形で毛細血管に吸収される。脂肪は脂肪酸とモノグリセリドの形で吸収され, 再び脂肪に合成されてリンパ管に吸収される。

Step 2　実力完成問題 (p.52-53)

1 (1) イ　(2) 例 デンプンを分解して麦芽糖などに変える。

(3) アミラーゼ

解説 (1) ベネジクト液で麦芽糖などの検出を行うには, 加熱することが必要である。

(2)(3) だ液には, アミラーゼという消化酵素がふくまれており, デンプンを麦芽糖などに分解するはたらきがある。

2 (1) ウ　(2) オ

(3) 例 表面積が大きくなっているから。

(4) デンプン…ウ　タンパク質…ア

脂肪…イ, エ　(5) ア, ウ

解説 (1) 口はデンプンだけ, 胃はタンパク質だけ, 肝臓(胆汁)は脂肪だけ, すい臓はすべて, 小腸はデンプンとタンパク質の消化に関係する。

(5) 脂肪酸とモノグリセリドは, 柔毛の中で再び脂肪に合成されて, リンパ管に吸収される。

3 (1) 消化酵素　(2) a　(3) イ　(4) アミノ酸

解説 (2) デンプンはだ液にふくまれるアミラーゼという消化酵素によって分解される。

(3) dはすい臓であるから, 分泌される消化液はすい液である。

(4) ダイズには植物性タンパク質が最も多くふくまれている。

4 (1) A…ア　B…イ　C…ウ　(2) 胆汁

(3) すい液

解説 (1) 栄養分A, B, Cが最終的に何に分解されているかを手がかりにする。

(2) 肝臓でつくられる消化液は胆汁である。胆汁は一時的に胆のうにたくわえられ, 小腸(十二指腸)に分泌される。胆汁は脂肪の消化を助ける。

(3) ②は, 栄養分A, B, Cのいずれにもはたらく消化酵素をふくんでいるので, すい液である。ただし, それぞれの栄養分に作用する消化酵素の種類はすべてちがう。

5 呼吸のはたらき

Step 1 基礎力チェック問題 (p.54-55)

1 (1) 気管支　(2) 肺胞　(3) 毛細血管

　(4) 大きく　(5) 酸素

解説 (2) 気体の交換は，肺胞で血液から二酸化炭素を放出，酸素を血液中に吸収する。

(3) 肺胞は肺をつくっている小さな袋で，表面には毛細血管がはりめぐらされている。

2 (1) A…気管　B…肺　(2) 横隔膜

解説 (1) 気管の先は枝状に分かれた気管支になり，気管支の先は肺(肺胞)につながる。

3 (1) A…酸素　B…二酸化炭素　(2) (細胞の)呼吸

解説 細胞では，酸素を使って栄養分を二酸化炭素と水に分解し，生命活動に必要なエネルギーを得ている。これを細胞の呼吸(細胞呼吸，細胞による呼吸，内呼吸)という。

4 (1) 肺胞　(2) イ

解説 (2) 血液の流れる向きから，bの血管には肺胞でガス交換(気体の交換)が行われる前の，二酸化炭素を多くふくむ血液が流れていることがわかる。

Step 2 実力完成問題 (p.56-57)

1 (1) □…酸素　●…二酸化炭素

　(2) A…□　B…●

　(3) 水　(4) エネルギー

解説 (2) からだの各細胞では，血液は細胞に酸素をわたし，細胞から二酸化炭素を受けとっている。

(3) 栄養分(有機物)は炭素と水素をふくむので，酸素と結びつくと二酸化炭素と水ができる。

2 (1) 肺胞　(2) 毛細血管

　(3) 例 肺の表面積が大きくなるから。　(4) 血液

解説 (3) 多量の血液と酸素が接触できるため，酸素と二酸化炭素の交換が効率的に行われる。

3 (1) イ　(2) 植物の根…根毛　ヒトの小腸…柔毛

解説 (1) aは肺胞から出ていく血液が流れる血管であるから，肺胞でガス交換が終わり，酸素を多くふくんだ血液が流れている。

(2) すべて表面積が大きくなることで効率がよく

なる。

4 (1) ゴム膜　(2) 横隔膜　(3) ①イ　②ウ

解説 (3) 横隔膜が下がり，ろっ骨が上がることによって，筋肉のついたろっ骨と横隔膜で囲まれた空間(胸腔)の体積が大きくなるので，空気が入ってくる。

6 血液の循環，排出のしくみ

Step 1 基礎力チェック問題 (p.58-59)

1 (1) 動脈　(2) 動脈血　(3) 赤血球

　(4) 尿素

解説 (3) 血液の成分には，赤血球，白血球，血小板，血しょうがある。

(4) 肝臓のおもなはたらきは，栄養分を一時的にたくわえる，胆汁をつくる，体内の有害な物質を無害な物質に変える。

2 (1) A…血小板　B…白血球　C…赤血球

　(2) C　(3) 血しょう　(4) 組織液

解説 (1) 哺乳類の場合，赤血球と白血球を見比べると，中央がくぼんだ円盤状をしているのが赤血球である。また，赤血球には核がないが，白血球には核がある。

(2) 赤血球には，ヘモグロビンという赤い物質がふくまれているため，血液が赤く見える。ヘモグロビンは，酸素をからだの各部分に運ぶはたらきをする。

(3) 液体成分の血しょうは赤血球，白血球，血小板を運んだり，栄養分や細胞の呼吸で生じた二酸化炭素やその他の不要物を運んだりしている。

(4) 組織液は，細胞と血液の間での物質の交換のなかだちをする。

3 (1) ①ア，エ　②ウ，エ　(2) イ

　(3) 肺循環　(4) 酸素　(5) 赤血球

解説 (1) ①心臓から血液が出ていく血管が動脈，心臓に血液がもどる血管が静脈である。

②動脈血は酸素を多くふくむ血液で，あざやかな赤色をしている。静脈血は二酸化炭素を多くふくむ血液で，黒ずんだ赤色をしている。

(2) 弁があるのは静脈。

(3) 心臓から肺へ向かい心臓へもどる血液の経路を肺循環，心臓から肺以外の全身の各組織へ向か

い心臓へもどる血液の経路を体循環という。

Step 2 実力完成問題 (p.60-61)

1 (1) 名称…赤血球　記号…エ　(2) ウ
(3) ヘモグロビン　(4) 血しょう
解説 (2) B は白血球で, 核をもち, アメーバのような運動をして血管内を自由に移動し, 体内に侵入した細菌や異物をとりこんで分解してしまう。

2 (1) 組織液　(2) 名称…右心室　記号…イ
(3) 体循環　(4) ウ　(5) a, b
解説 (1) 血しょうが毛細血管の壁からしみ出したもので, 細胞をひたしている液。組織液の一部は毛細血管にもどるが, 残りはリンパ管に入ってリンパ液となる。
(2) 全身からの血液は, 右心房→右心室→肺→左心房→左心室→全身の順にめぐる。

3 (1) 例 ヒメダカを生きたまま観察するため。
(2) A…エ　B…ア　C…イ
解説 (1) 血液が流れるようすを観察するためには, ヒメダカは生きていなければならない。観察が終わったらすぐに水そうにヒメダカをもどす。
(2) 毛細血管の中の血液は, 常に一定方向へ流れる。

4 (1) A…じん臓　B…輸尿管
(2) ウ　(3) 肝臓　(4) 1.5 L
解説 (2)(3) タンパク質が分解されるときに, 有害なアンモニアができる。尿素は, 肝臓でアンモニアからつくられた毒性の少ない物質。
(4) およそ 150 L のうちの再吸収されなかった 1% が尿となる。

5 ア, オ, ケ, コ
解説 ヒトの肝臓は, 1～1.5 kg もあり, 内臓の中で最も大きい。肝臓は非常に多くのはたらきをもつ。

7 感覚器官のしくみ, 刺激と反応

Step 1 基礎力チェック問題 (p.62-63)

1 (1) 感覚器官　(2) 虹彩　(3) 鼓膜
(4) 運動神経　(5) 反射
解説 (1) 外界からの刺激は, 感覚器官で受けとる。
(2) 水晶体(レンズ)は, 網膜上にピントのあった像

を結ばせる。
(3) 音の振動を最初にとらえるのが鼓膜。うずまき管は音の刺激を信号に変えるところ。

2 (1) イ…虹彩　ウ…水晶体(レンズ)　エ…網膜
(2) ウ
解説 虹彩はひとみの大きさを変えて, 水晶体(レンズ)に入る光の量を調節する。水晶体は光を屈折させ, 網膜上に像を結ばせる。

3 (1) ア　(2) エ
解説 アは鼓膜, イは耳小骨, ウはうずまき管, エは神経。
(2) 鼓膜の振動は, 耳小骨, うずまき管と伝わる。うずまき管には音の刺激を受けとる細胞があり, 刺激が信号に変えられて, 神経を通って脳へと送られる。

4 (1) 反射　(2) ア…感覚　イ…運動
解説 反射の場合に命令を出すのは脊髄などである。信号は同時に脳へも伝えられるが, 脳で判断する前に反応が起こる。

5 (1) けん　(2) イ
解説 (1) あしのアキレスけんが有名。
(2) 関節の曲げのばしでは, 1 対の筋肉が交互に縮んだりゆるんだりする。

Step 2 実力完成問題 (p.64-65)

1 (1) 鼻　(2) 目　(3) 皮膚
解説 (3) 皮膚では, それぞれの感覚点で, 受けとった刺激を信号に変え, 神経を通して脳に伝えている。

2 (1) レンズ…ア　しぼり…ウ　フィルム…オ
(2) 小さくなる。
解説 (2) 周囲の明るさに応じて虹彩(ウ)がのび縮みして, ひとみ(イ)の大きさが変わる。周囲が明るいときは, 虹彩がのび, ひとみは小さくなる。

3 ①イ　②ア
解説 ①メダカはまわりの水が動いているときは, 同じ位置にとどまろうとして泳ぐ。したがって, 水に流されまいとして, 流れにさからって泳ぐ。
②まわりの景色が動いているときは, 下流に流されていると錯覚して, 紙の模様を追うように泳ぐ。

4 (1) A…感覚(神経)　B…運動(神経)

(2) 末しょう(神経)　(3) 脊髄

解説 (1)(2)感覚器官からの刺激の信号を中枢神経に伝える神経を感覚神経, 中枢神経からの命令を筋肉に伝える神経を運動神経という。中枢神経に対し, 感覚神経や運動神経を末しょう神経という。

⑤ (1) 運動神経　(2) イ　(3) (A)→B→F→G→H

(4) 反射　(5) ア

解説 (1)脳や脊髄からの命令を筋肉に伝える神経。

(3)感覚器官→感覚神経→脊髄→運動神経→筋肉と伝わる。

> ミス対策 無意識に起こる反応(反射)は, 脳(大脳)ではなく脊髄などから命令が出される。

(4)脳が関係していない反応。刺激を受けてすぐに反応が起こるので, 危険から身を守るのに役立つ。

定期テスト予想問題 ③ （p.66-69）

① (1)例 体温に近づけて, だ液(消化酵素)のはたらきをよくするため。

(2) ウ　(3) イ　(4) 消化酵素

(5)① イ　② 柔毛

解説 (1)消化液にふくまれる消化酵素は, 体温くらいの温度のときによくはたらく。

(2)デンプンはヨウ素液と反応して青紫色になる。ベネジクト液は, 加熱すると麦芽糖などと反応して赤褐色の沈殿が生じる。

(3)デンプンがだ液によって分解され麦芽糖になっているので, ベネジクト液による反応が見られる。

(4)だ液にふくまれる消化酵素はアミラーゼ。

② (1)① b　② a

(2)① c　② ヘモグロビン　③ ア

解説 (2)赤血球がふくむ赤い物質(ヘモグロビン)は, 酸素が多いところでは酸素と結びつき, 酸素が少ないところでは酸素をはなす性質がある。

③ (1) 肺

(2)例 空気中の酸素を血液中にとり入れ, 血液中の二酸化炭素を空気中に出す。

(3) C　(4)① F　② H　(5)① 毛細血管

② 血しょう　③ 組織液

解説 (3)肺から心臓へ送り出される血液が通る肺静脈には動脈血が流れている。

(4)① 尿素などの血液中の不要物は, じん臓でこしとられるので, じん臓を出た直後の血管を選ぶ。

② 小腸で吸収された栄養分は, 肝臓に運ばれ, 一時的にたくわえられる。

④ (1) イ　(2)例 肺の表面積が大きくなり, 気体の交換が効率よく行えるから。

(3)① ウ　② イ

(4) X…酸素　Y…二酸化炭素

解説 (1)肺動脈には二酸化炭素の多い静脈血, 肺静脈には酸素の多い動脈血が流れる。

(3)血液の肺循環は, 右心室→肺動脈→肺→肺静脈→左心房の流れになる。

⑤ (1) A…じん臓　B…ぼうこう　(2) イ

解説 (1) Aのじん臓には, 尿素などの不要物をこしとって尿をつくるはたらきがある。Bのぼうこうには尿をたくわえるはたらきがある。

(2)図から, Pが動脈, Qが静脈であることがわかる。じん臓を通る血液は, 動脈に不要物が多く, 静脈には不要物が少ない。

⑥ (1) 脊髄　(2) ア　(3) B…感覚神経

C…運動神経　(4) 反射　記号…イ

(5) ア　(6)例 危険から自分のからだを守ること。

解説 (1)(2)脊髄は中枢神経の一部で, 脳とからだのいろいろな器官に分布する神経との間の信号のやりとりのなかだちをする。

(3)感覚器官(皮膚)から中枢神経(脊髄・脳)へ信号を伝えるのが感覚神経, 中枢神経から筋肉へ信号を伝えるのが運動神経である。感覚神経と運動神経を合わせて末しょう神経という。

(5)イは「梅干しは酸っぱい」という記憶によって引き起こされる反応で反射とはちがい, 条件反射という。食べ物を口に入れたときにだ液が出る反応(反射)と混同しないこと。

⑦ (1) イ　(2) 関節　(3) けん

解説 (3)筋肉が骨についている組織をけんといい, じょうぶな繊維からできている。

1 気象の観測

Step 1 基礎力チェック問題 （p.70-71）

1 (1) 10, 快晴　(2) 快晴, くもり
(3) 等圧線, 高気圧, 低気圧　(4) 悪く
解説 (1) 降水がないときの天気は雲量によって決まる。日が差していても, 雨が降っているときの天気は雨になる。
(4) 気圧が低いところでは, 上昇する空気の流れ(上昇気流)が生じて雲ができやすくなるため, 天気が悪くなることが多い。一方, 気圧が高いところでは, 天気はよくなることが多い。

2 (1) 約 1.5 m　(2) B　(3) 81%
解説 (2) 乾球よりも湿球の方が示度は低くなる。
(3) 乾球と湿球の示度の差は, 20.0－18.0＝2.0℃
したがって, 乾球の示度20℃と, 乾球と湿球の示度の差2.0℃の交点を読む。

3 (1) 1024 hPa　(2) B 地点
(3) 天気…晴れ　風向…南　風力…2
解説 (1) 1016 hPa の等圧線の内側に 1020 hPa の等圧線があることに注目。　1020＋4＝1024 hPa となる。
(2) B 地点の風力は 2, C 地点の風力は 1 である。
(3) 矢の向きは, 風がふいてくる向き(風向)を示している。

4 (1) B　(2) 11 日
解説 (1) 晴れの日の気温は14時ごろ最高となり, 日の出前に最低となる。
(2) 11 日の方が気温(B)の変化が小さく, 湿度が高く, 気圧が低い。

Step 2 実力完成問題 （p.72-73）

1 エ
解説 地上約 1.5 m の高さで, 球部に直射日光が当たらない, 風通しのよいところで測定する。

2 ア
解説 天気記号の○は快晴を表す。雲量 0 ～ 1 は快晴, 2 ～ 8 は晴れ, 9 ～ 10 はくもり。

3 (1) 右図　(2) ウ
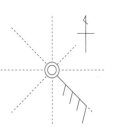
解説 (1) くもりの天気記号は◎。図の上が北, 下が南なので, 南東(風向)は南と東の中間。風力は 4 であるから, 矢羽根を 4 本かく。
(2) hPa はヘクトパスカルと読み, 大気圧(気圧)の単位。1 気圧は約 1013 hPa。

4 (1) 天気…くもり　記号…カ　(2) 天気…霧　記号…キ　(3) 天気…雨　記号…イ　(4) 天気…快晴　記号…ア　(5) 天気…雪　記号…エ
解説 ウは雷, オは晴れ, クはあられを表す。
(1) 雲が空全体の90%をおおっているということは, 雲量は 9 なのでくもり。

5 (1) 1004 hPa　(2) B
(3) 風向…北東　風力…2
解説 (1) 等圧線は 4 hPa ごとに引いてある。
(2) B は, まわりより気圧が高くなっているところだから高気圧である。

6 (1) B　(2) ア　(3) 例 気温と湿度が逆の変化をしているから。　(4) 8 時
解説 (1) 14 時ごろ最も高くなっているので, 実線のグラフが気温。
(2)(3) 晴れた日は気温と湿度が逆の変化をする。
(4) 同じ気温で比較したとき, 乾球と湿球の示度の差が最も大きいのは, 湿度が最も低いときである。

2 圧力と大気圧, 気圧と風

Step 1 基礎力チェック問題 （p.74-75）

1 (1) 圧力　(2) 20　(3) 大気圧(気圧)
(4) 1013　(5) せまい, 大きくなる
(6) 下降, 時計回り, ふき出す
(7) 上昇, 反時計回り, ふきこむ
解説 (2) 圧力＝60 N÷3 m²＝20 Pa
(5) 等圧線の間隔がせまいほど, 一定距離における気圧の差が大きいので, 強い風がふく。

2 (1) 12 N
(2) A 面…600 Pa　B 面…2000 Pa
C 面…1000 Pa

解説 (2) それぞれの面を下にしたときの圧力は，

A 面 = 12 N ÷ (0.2×0.1) m² = 600 Pa

B 面 = 12 N ÷ (0.1×0.06) m² = 2000 Pa

C 面 = 12 N ÷ (0.2×0.06) m² = 1000 Pa

3 (1) イ, エ　(2) ①小さく　②大きく

解説 (1) 1気圧は海面上(高度0 m)の気圧である。また，大気圧はあらゆる方向からはたらいている。

(2) ストローの中の空気を吸うと，ストロー内部の気圧が小さくなり，水面にはたらく大気圧の方が大きくなるので，水が吸い上げられる。

4 (1) 高気圧…エ　低気圧…ア　(2) 低気圧

解説 (1) 高気圧の中心付近には下降気流が生じ，高気圧の中心から時計回りに風がふき出す。これに対して，低気圧の中心付近には上昇気流が生じ，低気圧の中心に向かって反時計回りに風がふきこむ。

1 (1) a　(2) 300 g

(3) A…400 Pa　B…800 Pa

(4) $\frac{1}{2}$ になる。

解説 (2) **c** の面の面積は，60 cm² = 0.006 m²。**c** の面を机に接して置いたときの圧力が 1000 Pa なので，面を垂直に押す力は圧力を求める公式を変形して，1000 Pa×0.006 m² = 6 N である。これは直方体2個分の重力なので，直方体1個にはたらく重力は3 N。したがって，直方体1個の質量は 300 g である。

(3)(4) びんが机の面を押す力は，200＋200 = 400 g より4 N。**A**…4 N÷0.01 m² = 400 Pa　**B**…4 N÷0.005 m² = 800 Pa。したがって，面にはたらく力の大きさが同じとき，力のはたらく面積が2倍になると，圧力は $\frac{1}{2}$ になる。

2 (1) イ　(2) イ

解説 (1) びんに入れた熱湯から水蒸気が多量に生じるので，びんの中は水蒸気で満たされる。

(2) びんを水で冷やすと，びんの中の水蒸気が冷やされて水になり，びんの中の気体が少なくなるので気圧は小さくなる。したがって，びんの外の気圧の方が大きくなるため，びんはへこむ。

3 (1) ア　(2) 1016 hPa　(3) A 地点

(4) 例 等圧線の間隔が最もせまいから。

(5) P…イ　Q…ア　(6) Q

解説 (1) Pは低気圧の中心だから，A地点では風が低気圧の中心に向かって反時計回りにふきこんでいる。

(2) 等圧線は 1000 hPa を基準に4 hPa ごとに引かれ，20 hPa ごとに太線で引かれる。Qは高気圧の中心だから，B地点の南にある太い等圧線は 1020 hPa であるとわかる。

(3)(4) 等圧線の間隔がせまいほど，強い風がふく。

4 (1) 約 10000 kg

(2) 例 麓の方が富士山の5合目より大気圧が大きいから。

解説 (1) 1気圧 ≒ 100000 Pa より，空気が1 m² の面を垂直に押す力は約 100000 N である。これより1 m² の面の上にある空気の質量は，

100000×100 = 10000000 g = 10000 kg

(2) 富士山の5合目でからのペットボトルにふたをしたとき，ペットボトルの中の気圧とまわりの大気圧は等しい。麓の方が富士山の5合目より大気圧が大きいから，ペットボトルは大気圧によって押されてへこむ。

3　雲のでき方

1 (1) 露点　(2) 飽和水蒸気量　(3) 膨張, 下がる

(4) 露点, 雲　(5) 雨

解説 (2) 飽和水蒸気量は，気温が高いほど大きくなる。

2 (1) 例 水蒸気が凝結し, 水滴となったため。

(2) 露点　(3) 例 くもりが消える。

解説 (3) ペットボトルの内側の温度が上がると，空気中にふくむことのできる水蒸気の質量(飽和水蒸気量)が大きくなり，水滴は水蒸気になる。

3 (1) 54 %　(2) 高くなる。　(3) ア

解説 (1) グラフより，気温 30 ℃ における飽和水蒸気量は 30.4 g/m³ だから，

湿度 = $\frac{16.5}{30.4}$ ×100 = 54.2… よって，54 %

(3) 点 A の水蒸気量が 10 g/m^3 だから, 飽和水蒸気量が 10 g/m^3 のときの気温を読みとる。

1 (1) 例 気温と水温を同じにするため。
　(2) 水蒸気　(3) 露点　(4) 54 %

解説 (4) 表より, 現在の空気は 8.3 g/m^3 の水蒸気をふくむから,

湿度 $= \dfrac{8.3}{15.4} \times 100 = 53.8\cdots$ よって, 54 %

2 (1) A　(2) C　(3) 43 %　(4) A　(5) 10 g

解説 (3) C の湿度 $= \dfrac{10}{23.1} \times 100 = 43.2\cdots$ よって,

43 %

(4) 現在の気温と露点との差が小さいほど, 雲ができ始める高さは低くなる。

(5) 空気 A にふくまれる水蒸気量は 20 g/m^3,
$10\,℃$ での飽和水蒸気量は約 10 g/m^3 なので,
$20 - 10 = 10 \text{ g/m}^3$

3 (1) ア, ウ, エ　(2) ①降水　②水蒸気（気体）
　③太陽

解説 (2) 地表の水（陸地の水や海洋の水）は太陽の熱によって蒸発する。蒸発した水蒸気は, 凝結して雲をつくる。雲をつくっている粒（水滴や氷の粒）は, 降水として地表にもどってくる。

4 (1) イ　(2) イ
　(3) 例 水滴ができやすくするため。
　(4) イ　(5) 例 露点に達すると, 水蒸気が凝結して水滴ができる

解説 (3) 線香のけむりが, 水が凝結するときの核となって, 水滴ができやすくなる。

(5) 気圧が低下すると空気が膨張し, 気温が下がる。気温が下がり, 水蒸気をふくんだ空気が露点に達すると, 水蒸気が凝結して水滴ができる。

4　前線と天気の変化

1 (1) 気団　(2) 前線面, 前線
　(3) 積乱雲, 強い雨, 乱層雲, おだやかな雨

解説 (2) 気温など性質がちがう 2 つの気団がふれ合うと境界ができる。この境界面を前線面という。

2 (1) B, C　(2) P…寒冷前線　Q…温暖前線
　(3) 積乱雲　(4) 前線Q　(5) 閉塞前線　(6) イ

解説 (1) 温暖前線の前方, 寒冷前線の後方は寒気におおわれている。

(2)(3)(4) 寒冷前線P付近には積乱雲が発達し, 強い雨が降る。温暖前線Q付近には乱層雲が発達し, 広い範囲におだやかな雨が降る。

(6) 寒冷前線の通過後は風が南寄りから北寄りに変わる。

3 (1) イ　(2) A…イ　B…ウ

解説 A は寒気が暖気の下にもぐりこむような形の前線で寒冷前線。B は暖気が寒気の上にはい上がるような形の前線で温暖前線。

1 (1) 天気…雨　風向…北北西　風力…4
　(2) 5日の 16 時
　(3) 記号…イ　名称…寒冷前線
　(4) 例 気温が急に下がり, 風向が南寄りから北寄りに変化したから。

解説 (2) 気圧が最も低いとき。

(3)(4) 寒冷前線が通過すると, 気温が急に下がり, 風向が北寄りに変化する。

2 (1) ━●━●━●━　(2) イ　(3) イ

解説 (1) 暖気が寒気の上にはい上がって, 暖気が寒気を押しながら進んでいるので温暖前線である。
(2) 温暖前線付近では, 層状の乱層雲, 高層雲が発達する。

3 (1) 停滞前線　(2) ウ　(3) ウ

解説 (1) つゆのころできる停滞前線を梅雨前線, 秋のはじめにできる停滞前線を秋雨前線という。

4 (1) イ　(2) 例 強い日差しにより, 地表近くの空気があたためられて生じる。

解説 (1) 13 時から 15 時にかけて, 気温が急に下がり, 湿度が上がり, 気圧が徐々に低くなっていることから, 寒冷前線が通過したと考えられる。よって, 12 時は寒冷前線通過前のものを選ぶ。

5 大気の動きと日本の天気

Step 1 基礎力チェック問題 (p.86-87)

1 (1) シベリア気団, 西高東低 (2) 移動性
(3) 停滞(梅雨・秋雨) (4) 小笠原気団, 高く
(5) 熱帯, 雨

解説 冬はシベリア気団, 春・秋は移動性高気圧と
低気圧, 夏は小笠原気団の影響を受ける。

2 (1) エ (2) 気温…低い 湿度…低い
(3) 北西 (4) ⊗ (5) 低い

解説 (2) 図の高気圧(シベリア高気圧)にできるシ
ベリア気団の空気は冷たく乾燥している。
(5) 冬の北西の季節風は, 日本海側に雪を降らせた
あと, 山をこえて太平洋側にふき下りるときは乾
燥している。

3 (1) P…寒冷前線 Q…移動性高気圧
(2) 図2→図1→図3 (3) ア

解説 (2) 低気圧は西から東へ移動する。
(3) 図2から図1の間で寒冷前線が東京を通過する。

Step 2 実力完成問題 (p.88-89)

1 (1) ウ (2) ア (3) イ (4) 偏西風

解説 (2) 春になるとシベリア高気圧が弱まり, 低
気圧が日本海付近を通ると, 日本列島に風がふき
こみ突風が生じる。

2 (1) エ (2) ウ
(3) 天気…くもり 風向…北北西 (4) イ

解説 (1)(2) シベリア気団が発達した, 西高東低の
冬の気圧配置。

3 (1) 図1…ウ 図2…イ 図3…ア
(2) 小笠原気団 (3) イ

解説 (1)(2) 図1はシベリア気団が発達した, 西高
東低の冬型の気圧配置。図2は小笠原気団をつく
る太平洋高気圧が張り出しているので夏。図3は
移動性高気圧と低気圧が見られるので春や秋。
(3) 小笠原気団は低緯度で海上の気団だから, あた
たかくしめっている。

4 (1) 閉塞前線 (2) ウ (3) イ

解説 (2) 西の海上の移動性高気圧が東へ移動する
と予想できるので, 九州地方は晴れると考えられる。

定期テスト予想問題 ④ (p.90-93)

1 (1) 例 (標高が高いと)それより上の空気の重さが
小さいから。 (2) 約6500 kg (3) ア (4) イ

解説 (2) 650 hPa = 65000 Pa, 1 m² に 65000 N の力
がはたらくので, 65000×100 = 6500000 g = 6500 kg
(4) 富士山の山頂では大気圧が低いため, 水の中か
ら水蒸気が外に出やすくなる。このため, 沸騰す
る温度は 100 ℃より低くなる。

2 (1) A市 (2) エ (3) 温暖前線 (4) ウ

解説 (1) 等圧線の間隔がせまいと風力は大きい。
(4) 低気圧や前線は西から東へ移動するので, A市
では, このあと寒冷前線が通過すると考えられる。

3 (1) ウ (2) 露点 (3) エ

解説 (3) 湿度 = $\frac{18.3}{23.1}$ × 100 = 79.2… より 79 %

4 (1) B (2) 15.2 g (3) 50 % (4) 13.8 g

解説 (2) 表より, 1 m³ あたりまだ 30.4 − 15.2 =
15.2 g の水蒸気をふくむことができる。

(3) 湿度 = $\frac{15.2}{30.4}$ × 100 = 50 %

(4) 17.3 × $\frac{80}{100}$ = 13.84 より 13.8 g

5 (1) a…イ b…ア (2) 16時 (3) エ
(4) B地点 理由…例 等圧線の間隔がほかの
地点より広いから。
(5) B地点 (6) ウ

解説 (5) B地点は暖気におおわれている。
(6) 寒冷前線の断面図を選ぶ。

6 (1) 気温…上がった 湿度…下がった (2) エ

解説 霧は小さな水滴が空気中に浮かんだもので
ある。気温が上がり飽和水蒸気量がふえたため,
水滴が水蒸気に変化し, 霧が消えたと考えられる。

7 (1) B (2) A (3) ウ (4) A…シベリア気団
B…オホーツク海気団 C…小笠原気団

解説 (1) オホーツク海気団と小笠原気団の勢力が
つり合って, 梅雨前線が停滞する。

8 (1) A → C → B
(2) 天気図3 → 天気図1 → 天気図2
(3) 例 低気圧や移動性高気圧は偏西風により西
から東へ移動するから。 (4) 温帯低気圧

解説 (4) 中緯度帯で発生する前線をともなった低
気圧を温帯低気圧という。

【4章】電気の世界

1 電気の利用

Step 1 基礎力チェック問題 （p.94-95）

1 (1) 直列, 並列　(2) 電源(電池), スイッチ

(3) 並列

解説 (3) 電圧計ははかりたい部分に並列につな

ぎ, 電流計ははかりたい部分に直列につなぐ。

2 (1) A…電球(豆電球)　B…電源(電池)

C…電熱線(抵抗器)　D…スイッチ

(2) イ　(3) 図1

(4) 図1…直列回路　図2…並列回路

解説 (3) 図2の回路はスイッチが入っていない。

3 下図(器具の位置が異なっていても, つながり

方が同じならば正解。)

図1 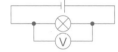　図2

解説 図1は並列回路, 図2は直列回路。並列回路

で導線が分かれる点には•を記入すること。

Step 2 実力完成問題 （p.96-97）

1 (1) 右図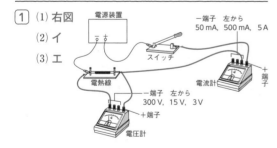

(2) イ

(3) エ

解説 (1) 電熱線に対して電流計は直列に, 電圧計

は並列につなぐ。また, 電源の＋極側を＋端子に

つなぎ, －極側は, 電流や電圧の値が予想できな

いときは, まず最大の－端子につなぐ。

(2) 電流計は5Aの－端子, 電圧計は300Vの－端

子を使っているので, 電流は約0.4A, 電圧は約

10Vと読みとれる。これらの値が, 針が振り切れ

ずに, なるべく大きく振れる状態で読みとれる－

端子につなぎかえる。

2 (1) b

(2) 図2…300mA　図3…2.00V

(3) 例 電流計に大きな電流が流れて, 電流計が

こわれることがあるから。

解説 (2) 最小目盛りの10分の1まで目分量で読

みとる。

3 右図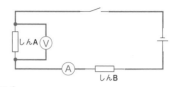

解説 電流計は回路に直列に, 電圧計は回路に並列

につなぐ。鉛筆のしんは電気を通す。

2 電流と電圧

Step 1 基礎力チェック問題 （p.98-99）

1 (1) 同じ　(2) 和　(3) 部分によってちがう

(4) 等しい(同じ)　(5) オーム

解説 (5) 電熱線に加わる電圧は, 電流の大きさに

比例する。

2 (1) 電熱線a…0.3A　電熱線b…0.3A

(2) 3V　(3) 0.4A　(4) 6V

解説 (2) 9−6＝3V

(3) 0.6−0.2＝0.4A

3 (1) 8.00V　(2) 250mA　(3) 32Ω

解説 (3) 抵抗＝8.00V÷0.25A＝32Ω

Step 2 実力完成問題 （p.100-103）

1 (1) B　(2) 右図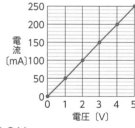

(3) 比例(の関係)

(4) オームの法則

(5) 20Ω

解説 (5) 抵抗＝2V

÷0.1A＝20Ω

2 (1) 200mA　(2) 3.0V

(3) 電流計…200mA　電圧計…3.0V

(4) 変わらない。(同じ。)　(5) 300mA

解説 (1) 同じ豆電球なので流れる電流は等しく,

それぞれに400mAの半分ずつの電流が流れる。

(3) 豆電球Bをソケットからはずしても, 豆電球A

に加わる電圧は変わらない。したがって，(1)と同じ大きさの電流が流れる。

(4) 並列回路なので，豆電球Bを豆電球Cにかえても，豆電球Aに加わる電圧は変わらない。

(5) 豆電球Cを流れる電流は，500 − 200 = 300 mA

③ (1) 12 Ω (2) 0.75 A (3) 4.5 V

解説 (1) 抵抗 = 6 V ÷ 0.5 A = 12 Ω

(2) 電源の電圧 = 20 Ω × 0.45 A = 9 V

30 Ωの電熱線に流れる電流 = 9 V ÷ 30 Ω = 0.3 A

点bを流れる電流 = 0.45 + 0.3 = 0.75 A

(3) 電源の電圧 = (10 + 5) Ω × 0.3 A = 4.5 V

④ (1) 図3の電熱線A (2) 5 V (3) 25 Ω
　(4) 1.0 A (5) 6 Ω

解説 (1) 図2は電熱線A，Bに加わる電圧の和が，図3では，電熱線A，Bのそれぞれに加わる電圧が，電源の電圧と等しい。また，グラフより電熱線Aの方が電流が流れやすいことから考える。

(2) 直列回路なので電熱線A，Bにはどちらも0.2 Aの電流が流れ，電源の電圧は各電熱線に加わる電圧の和になるから，下の図(実線)より，2 + 3 = 5 V

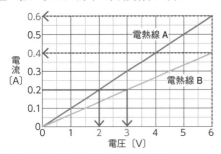

(3) (2)より，抵抗 = 5 V ÷ 0.2 A = 25 Ω

(4) 並列回路なので電熱線A，Bに加わる電圧は各6 Vで，電流計には電熱線A，Bを流れる電流の和の電流が流れるから，上の図(点線)より，0.6 + 0.4 = 1.0 A

(5) (4)より，抵抗 = 6 V ÷ 1.0 A = 6 Ω

⑤ (1) 関係…比例の関係 名称…オームの法則
　(2) ウ (3) 7.5 Ω (4) 下図

解説 (2) 同じ電圧を加えたとき，電熱線BはAより4倍電流が流れにくい。(0.8 ÷ 0.2 = 4倍)

(3) 6 V ÷ 0.8 A = 7.5 Ω

(4) 図2より，電熱線A，Bに6 Vの電圧を加えると，それぞれ0.8 A，0.2 Aの電流が流れる。よって，図3の回路のPQ

間の電圧が6 Vのときは，0.8 + 0.2 = 1.0 Aの電流が流れる。これをグラフに表す。

⑥ (1) 0.1 A (2) 1.2 V (3) 8 Ω

解説 (1) 0.4 − 0.3 = 0.1 A

(2) 3.2 − 2.0 = 1.2 V

(3) 3.2 V ÷ 0.4 A = 8 Ω

⑦ (1) 6.0 V (2) R₁…200 mA R₂…600 mA
　(3) 7.5 Ω (4) 40 Ω (5) 150 mA (6) 4.5 V

解説 (1) 電源の電圧が加わる。1.5 V × 4 = 6.0 V

(2) R₁の電流は，6.0 V ÷ 30 Ω = 0.2 A = 200 mA，R₂の電流は，6.0 V ÷ 10 Ω = 0.6 A = 600 mA

(3) 電圧が6.0 Vのとき，回路全体に，200 + 600 = 800 mA = 0.8 Aの電流が流れることから，全体の抵抗は，6.0 V ÷ 0.8 A = 7.5 Ω

(4) 30 + 10 = 40 Ω

(5) 電圧が6.0 V，全体の抵抗が40 Ωなので，電流は，6.0 V ÷ 40 Ω = 0.15 A = 150 mA

(6) (5)より，30 Ω × 0.15 A = 4.5 V

⑧ (1) 140 mA (2) 1 V

解説 (1) 図2より，電圧が4 Vのときの電流の値を読みとる。

(2) スイッチS₂のみを入れると，電熱線Bと電球Aが直列につながれた回路になる。この回路に160 mAの電流が流れると，電球Aに加わる電圧は，図2より，6 Vである。したがって，電熱線Bに加わる電圧は，7 − 6 = 1 Vである。

---

3 電気のエネルギー

Step 1 基礎力チェック問題 (p.104-105)

① (1) 大きい，大きい (2) W (3) 100 W
　(4) 1 J (1 Ws) (5) 大きい，長い (6) J

解説 (1)〜(5) 電力 = 電圧 × 電流，熱量 = 電力 × 時間で求められる。

② (1) ①熱 ②光 ③音 ④運動(動き)
　(2) 1000 Wのドライヤー (3) 300000 J

解説 (3) 電力量 = 1000 W × 60 s × 5 = 300000 J
1 J = 1 Ws　1000 Ws = 1 kWs

③ (1) 1 W (2) 30 J (3) イ (4) ア

解説 (2) 電力量 = 1 V × 1 A × 30 s = 30 J

(3) 加わる電圧は等しく，流れる電流は電熱線bの

方が大きいため，消費する電力は電熱線**b**の方が大きい。

Step 2 実力完成問題 （p.106-107）

1 (1) イ　(2) スチームアイロン
(3) 空気清浄機…**18000 J**　スチームアイロン…**1080000 J**　(4) **2620 W**

解説 (3) 電力量〔J〕＝電力〔W〕×時間〔s〕より，
・20 W×60 s×15＝18000 J
・1200 W×60 s×15＝1080000 J
(4) 20＋1200＋1400＝2620 W

2 ①ア　②イ

解説 ①湯をわかすときのことを考えると，水の量が少ないほど，水温が上がるまでにかかる時間は短い。

3 (1) 例 気温の影響による水の温度の変化をなくすため。（水の温度を気温と同じにするため。）
(2) 例 ビーカー内の水に温度の差ができないようにするため。　(3) イ　(4) **1800 J**
(5) **1444.8 J**　(6) 例 発生した熱がビーカーなどをあたためるためにも使われたから。

解説 (3) 表より，水の温度は1分間に0.8~0.9℃，5分間で28.5－24.2＝4.3℃上昇している。次の5分間でも同じように上昇すると考えられるので，28.5＋4.3＝32.8℃
(4) 6 W×60 s×5＝1800 J
(5) 4.2 J/(g・℃)×80 g×(28.5－24.2)℃＝1444.8 J

4 例 つなぐ電気器具がふえると，流れる電流が小さくなり，器具のはたらきが弱まる。（1つの器具のスイッチが切れると，ほかの器具に電流が流れず使えなくなる。）

解説 豆電球を直列につなぐと暗くなり，1か所が切れると，全体に電流が流れない。

定期テスト予想問題 ⑤ （p.108-111）

1 (1) 比例（の関係）　(2) オームの法則
(3) **900 mA**　(4) **10 Ω**

解説 (3) グラフより，電圧が3Vのとき，電流は300 mA，電圧が9Vのときの電流を x mAとする

と，3：9＝300：x　x＝900 mA
(4) オームの法則の変形式　抵抗 **R** ＝電圧 **V** ÷電流 **I** より，求める抵抗は，3 V÷0.3 A＝10 Ω

2 (1) ア　(2) **50 Ω**　(3) P点…**0.3 A**
　 Q点…**0.2 A**　(4) **0.5 A**　(5) **12 Ω**

解説 (2) 20＋30＝50 Ω
(3) P点の電流…6 V÷20 Ω＝0.3 A
Q点の電流…6 V÷30 Ω＝0.2 A
(4) 0.3＋0.2＝0.5 A
(5) (4)より AB 間の抵抗は，6 V÷0.5 A＝12 Ω
AB 間の抵抗を **R** として $\frac{1}{R}＝\frac{1}{20}＋\frac{1}{30}$ としても求められる。

3 (1) **200 W**　(2) **12000 J**

解説 (1) 電力〔W〕＝電圧〔V〕×電流〔A〕より，
100 V×2.0 A＝200 W
(2) 電力量〔J〕＝電力〔W〕×時間〔s〕より，
200 W×60 s＝12000 J

4 ①直列　②並列　③**5 A**　④**50**　⑤**37.0**

解説 ⑤最小目盛りの $\frac{1}{10}$ まで目分量で読みとる。

5 (1) 直列回路　(2) 下図　(3) **16.00 V**

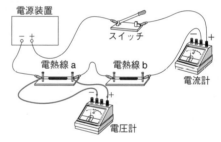
電源装置　スイッチ　電熱線a　電熱線b　電流計　電圧計

解説 (3) 電熱線**a**，**b**それぞれに8.00 V加わるので16.00 V。

6 ①ア　②イ

解説 ②抵抗は電流の流れにくさを表すので，同じ大きさの電圧を加えたときに流れる電流が小さい方が，抵抗は大きい。

7 右図

解説 電池を直列につなぐと電圧が

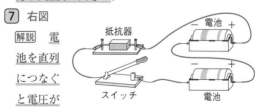
抵抗器　電池　スイッチ　電池

大きくなり，抵抗器に流れる電流が大きくなる。このとき，電池は＋極と－極をつなぐことに注意。

8 (1) A…**25 Ω**　B…**50 Ω**　(2) 図2…エ
　 図3…イ　(3) **10 V**　(4) **8 V**　(5) **4 W**

解説 (1) 電熱線Aの抵抗は, 10 V÷0.4 A＝25 Ω, 電熱線Bの抵抗は, 10 V÷0.2 A＝50 Ω

(2) 並列回路で同じ大きさの電圧が加わるとき, **図1**より, 電熱線Aには**B**の2倍の電流が流れる。直列回路の電流はどの部分も等しい。

(3) (2)より, 電熱線A**とB**に流れる電流の大きさの比は2：1なので, 電熱線**A**に400 mA, **B**に200 mA流れる。**図1**より, このときの電圧は10 V。

(4) 直列回路なので, 電熱線**B**に加わる<u>電圧は抵抗に比例する</u>。よって, 電熱線**B**に加わる電圧は, 4 V×2＝8 V

(5) 電力＝電圧×電流より, 電圧・電流ともに大きい電熱線を選ぶ。電力が最も大きいのは**図2**の電熱線Aだから, 10 V×0.4 A＝4 W

9 (1) 右図
(2) 2 V
(3) a…ア
b…エ
(4) 下図(例)

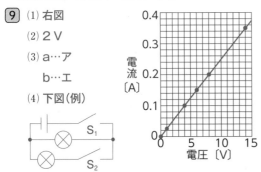

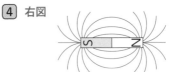

解説 (2) 抵抗器の抵抗は, 8 V÷0.2 A＝40 Ω, 抵抗器に加わる電圧は, 40 Ω×0.25 A＝10 V, 電球**a**に加わる電圧は, 12−10＝2 V

(3) **図3**で, 電球**b**に加わる電圧は変わらない。

10 エ

解説 オームの法則より, 抵抗に加わる電圧と流れる電流は比例するので, <u>湯わかし器に加わる電圧</u>が$\frac{1}{2}$になると, 電流の値も$\frac{1}{2}$になる。よって, 発熱量は, $\frac{1}{2}×\frac{1}{2}＝\frac{1}{4}$倍になるので, 沸騰し始めるまでの時間は4倍になる。

---

4 電流がつくる磁界, 電流が磁界から受ける力

Step 1 基礎力チェック問題 (p.112-113)

1 (1) N極 (2) ア (3) 逆 (4) 垂直
(5) 変わる

解説 (2) 右ねじの進む向きに電流を流したとき, 右ねじの回る向きが電流がつくる磁界の向き。

---

2 (1) B点…ア C点…エ (2) A点 (3) イ

解説 (2) 電流がつくる磁界は, 電流が流れる導線に近いほど強い。

3 (1) ア (2) **例** 電流を大きくする。鉄心を入れる。

解説 (1) 下の図のように, 右手の親指以外の4本の指で, 電流の向きにコイルをにぎったとき, 開いた親指の指す向きが, コイルの内側にできる磁界の向きになる。

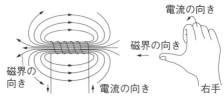

4 右図

Step 2 実力完成問題 (p.114-115)

1 (1) 磁力線 (2) A…エ B…イ C…エ (3) ア

解説 (2) 磁力線の向きを指す。磁石のN極から出て, S極に向かう向き。

(3) 磁界の強さは, 磁石の極からの距離が近いほど強い。

2 (1) A…左 B…右 (2) エ (3) イ

解説 (3) 電流の向き, 磁石による磁界の向きの両方を逆にすると, 受ける力の向きはもとの向きと同じになる。

3 (1) 大きくなる。 (2) 逆向きになる。

解説 (1) 導線が受ける力の大きさは, 流れる電流が大きく, 磁界が強いほど大きい。

4 (1) **例** (電磁石Cが半回転するごとに)電磁石Cのコイルを流れる電流の向きを切りかえるはたらき。

(2) ①ア ②ア (3) 図2

解説 (1) 整流子は半円に分けられて間が絶縁されているので, 半回転ごとに電流の向きが変えられる。

(3) **図2**では, 手でモーターの軸を回転させることで, コイルの中の磁界が変化して, 電流を流そうとする電圧が生じる(電磁誘導という)。

5 電磁誘導，直流と交流

Step 1 基礎力チェック問題 (p.116-117)

1 (1) 電磁誘導 (2) 誘導電流 (3) 速い，多い
(4) 発電機 (5) 交流

解説 (3) 磁界の変化が速く，コイルの巻数が多いほど誘導電流は大きくなる。

2 (1) 電磁誘導 (2) イ

解説 (2) 近づける棒磁石の極を変えると，流れる電流の向きは逆になる。また，同じ極を遠ざけても，電流の向きは逆になる。

3 例 コイルの巻数をふやす。（磁力の強い磁石にかえる。）

解説 誘導電流を大きくする方法には，磁石を速く動かす，コイルの巻数をふやす，磁力の強い磁石に変えるがある。

4 (1) エ (2) 流れない。

解説 (1) 棒磁石をコイルに入れると，検流計の針は左に振れたのだから，検流計の針を右に振らせるためには，コイルから棒磁石を出せばよい。

Step 2 実力完成問題 (p.118-119)

1 (1) イ (2) 発電機

解説 (2) 自転車の発電機はコイルの中で磁石が回転するしくみになっている。

電球へ
コイル
磁石

2 (1) エ (2) S極を下にして，速く近づけた。 (3) ウ

解説 (2) 誘導電流の向きが逆になり，大きさが大きくなる操作を答える。

(3) N極が近づいてから遠ざかることになる。

3 (1) ア (2) 交流

(3) 名称…周波数 単位の記号…Hz

解説 直流では，電流の向きが変わらない。交流では，周期的に流れる向きと大きさが変わる。発光ダイオードは，＋極から－極に電流が流れこんだときだけ点灯するため，交流のときは点滅する。

4 (1) 例 コイル内の磁界が変化しなかったから。

(2) ア，エ

解説 (2) 回路を流れる電流の向きは，図1と比べ

て，アとウは逆で，イとエは同じになる。また，発光ダイオードのつなぎ方は，図1と比べて，アとイは同じ，ウとエは逆だから，ア，エの発光ダイオードは点灯しない。

6 静電気と電流

Step 1 基礎力チェック問題 (p.120-121)

1 (1) 静電気 (2) ＋，－ （順不同）
(3) 引き合い，しりぞけ合う (4) 放電
(5) －，＋，－

解説 電気を通さない物体では，－の電気をもっている小さな粒子（電子）が，電圧を加えても動かないので，電流は流れない。しかし，これらの物体を摩擦すると，表面の－の電気をもった電子が一方の物体からもう一方の物体へ移り，その結果これらの物体が電気を帯びる。

2 (1) 等しい。 (2) －の電気
(3) 物体A…＋の電気 物体B…－の電気
(4) 引き合う力

解説 (2) －の電気をもつ電子が移動する。

(3) －の電気が減ったAは＋の電気を帯び，－の電気がふえたBは－の電気を帯びる。

3 (1) まっすぐ (2) ＋極側 (3) －

解説 陰極線は，真空放電管内の－極から＋極にまっすぐに流れる。陰極線は，電圧を加えた電極板の間を通るとき，＋の電極板の方に曲がる。

4 (1) 放射性物質 (2) 放射能 (3) 透過力
(4) エ

解説 (3) 放射線の透過力は，医療や物体内部の検査などに利用されている。

Step 2 実力完成問題 (p.122-123)

1 (1) 静電気 (2) ①同じ ②しりぞけ ③ア
④異なる（ちがう） ⑤引き ⑥イ
(3) 放電 (4) ア

解説 (2) 2本のストローが帯びた電気は同じ種類で，布が帯びた電気はストローとは異なる種類の電気である。

(4) アは，鉄が磁力を帯びたための現象。

② A
解説 電子は－の電気をもつので，＋極側の**A**の方へ動く。

③ (1) 陰極線(電子線)　(2) ＋極
(3) ①直進　②電子
解説 (2) 陰極線は－の電気をもつ電子の流れなので，＋極側に引かれる。

④ (1) 静電気の力(電気の力，電気力)
(2) ア　(3) ア
(4) 例 塩化ビニルの管にたまっていた電気が一瞬だけ流れたから。
(5) 例 たまっていた電気が少ししかなかったから。
解説 (2) ポリエチレンのひも1本1本にたまる電気は同じ種類の電気だから，たがいにしりぞけ合う力がはたらく。

定期テスト予想問題 ⑥　(p.124-127)

① (1) イ　(2) b　(3) c
解説 (1) 磁石の異なる極どうしは引き合い，同じ極どうしはしりぞけ合う。
(2) N極の**X**から出た磁力線が**Y**に流れこんでいるので，**Y**はS極，同じ棒磁石のもう一方の極はN極である。

② (1) ウ　(2) 点A…イ　点B…ア　(3) 磁力線
解説 (1) 電流の向きに右ねじの進む向きを合わせると，右ねじを回す向きが電流がつくる磁界の向きになる。
(2) コイルの内側にできる磁界の向きは，右手の親指以外の4本の指で電流の向きにコイルをにぎったとき，開いた親指の指す向きである。

③ (1) N極　(2) a　(3) 逆になる。　(4) S極
(5) a
解説 (1)(2) 電流は**図1**の左側のブラシから整流子を通り，コイルの**A**側の導線からコイルに流れこむ。右手の親指以外の4本の指でコイルを流れる電流の向きににぎると，**A**は親指の指す向きになるのでN極になる。磁石のS極と引き合う力がはたらくから，aの向きに回転する。
(4)(5) **A**はS極になるから，磁石のS極としりぞけ合う力がはたらくので，aの向きに回転する。

④ (1) 磁石…イ　電流…ウ
(2) 例 U字形磁石の極を逆にして置く。(コイルに流れる電流の向きを逆にする。)
(3) ア
解説 (2) 磁石による磁界の向きを変える。または電流の向きを変える。両方とも変えると，コイルの動く向きは変わらなくなる。
(3) 抵抗の値が小さくなると，電流は大きくなるので，受ける力は大きくなる。

⑤ (1) イ　(2) 例 棒磁石を速く動かす。
(3) 発電機
解説 (1) N極を近づけるときと電流の向きが逆になるのは，S極を近づけるときと，N極を遠ざけるときである。

⑥ (1) 静電気(電気)　(2) ①イ　②イ
(3) 例 プラスチックの下じきにたまっていた電気がネオン管に流れたから。
解説 (2) 同じ種類の電気はしりぞけ合い，異なる種類の電気は引き合う。
(3) こすり合わせたことにより，下じきにたまった電気がネオン管に流れたから。

⑦ (1) モーター(電動機)　(2) ウ　(3) b
解説 (2) 整流子のはたらきで，コイルに流れる電流の向きは半回転ごとに変わる。
(3) 磁界の向きが逆になると電流が受ける力の向きも逆になるので，コイルは反対向きに回転する。

⑧ (1) 交流　(2) 交流
解説 直流…一定の向きにだけ流れる電流で，乾電池による電流など。
交流…流れる向きや大きさが周期的に変化している電流で，家庭のコンセントからの電流など。

⑨ ア
解説 陰極線は－の電気をもつ電子の流れなので，＋極へ引きつけられる。